新世纪科学探索
宝库丛书

EXPLORATION

XINSHIJI KEXUE

TANSUO BAOKU CONGSHU

复制生命的克隆技术

FUZHISHENGMING DE KELONGJISHU

本书编写组◎编

U0231973

世界图书出版公司
WPC
广州·上海·西安·北京

图书在版编目（CIP）数据

复制生命的克隆技术／《复制生命的克隆技术》编写组编．—广州：广东世界图书出版公司，2010.4（2021.5 重印）

ISBN 978－7－5100－2006－3

Ⅰ．①复…　Ⅱ．①复…　Ⅲ．①无性系－遗传工程－青少年读物　Ⅳ．①Q785－49

中国版本图书馆 CIP 数据核字（2010）第 049880 号

书　　　名	复制生命的克隆技术
	FUZHI SHENGMING DE KELONG JISHU
编　　　者	《复制生命的克隆技术》编写组
责任编辑	王晓文　柯绵丽
装帧设计	三棵树设计工作组
责任技编	刘上锦　余坤泽
出版发行	世界图书出版有限公司　世界图书出版广东有限公司
地　　　址	广州市海珠区新港西路大江冲 25 号
邮　　　编	510300
电　　　话	020-84451969　84453623
网　　　址	http://www.gdst.com.cn
邮　　　箱	wpc_gdst@163.com
经　　　销	新华书店
印　　　刷	北京兰星球彩色印刷有限公司
开　　　本	787mm×1092mm　1/16
印　　　张	13
字　　　数	160 千字
版　　　次	2010 年 4 月第 1 版　2021 年 5 月第 10 次印刷
国际书号	ISBN　978-7-5100-2006-3
定　　　价	38.80 元

前　言

　　古往今来，世间的万物一直遵循着生老病死这一规律，重复着生命的更迭。物竞天择，适者生存。大自然毫不留情地履行着自己的职责，而作为世界主宰的人类也在积极地和自然相处。

　　科学的发展给人类的梦想插上了翅膀。在全世界和平与发展的大环境下，生物技术的发展突飞猛进。基因重组、基因治疗、无性繁殖、人工授精、体外孕育、胚胎移植和器官移植等，使我们的生活更加丰富多彩。如今，你可能想不到，当你去市场买菜时，也许在你挑选的蔬菜之中就有转基因蔬菜；当你领孩子去动物园时，可能你看到的动物中就有克隆动物；在你身边走过的人，可能就是个"试管婴儿"……这时，你会猛然发现，原来高科技就一直在你身边。

　　当克隆羊之父宣布多莉诞生这一消息时，世界回报他的是一盆冷水。国际社会对克隆绵羊所表示的强烈反应，使得从事生命科学研究的科学家们都感到困惑不解。维尔穆特本人也始料未及，他说，人们对于这项技术可能带来的后果的种种猜测使他非常沮丧。维尔穆特不得不忙于接受英国上下两院听证会的质询，并逢人就表白他自己不准备克隆人。这种结果实在令生命科学家难堪，他们最初的目的是善良的，是为了探索自然奥秘，追求知识和真理，提高人们的认识能力，从而为人类的健康和发展服务。他们投入时间和精力，付出劳动和艰辛才取得了科学上的突破和进展，理应得到社会的肯定和赞许。可是现实却是，尽管人们承认维尔穆特在生物学方面取得了重大突破，却没有给予他以相应的肯定和鼓励，反而报以削减其经费和如临大敌般的惊恐。这无疑是对科学工作者的一个打击，使他们自问：科学的目的何在，为什么难以得到理解？

那么，究竟什么是克隆人呢？我们知道在神话故事中，孙悟空拔根毫毛一吹会变成无数个孙悟空，而今神话将成为现实。当有一天，你面对和自己一模一样的克隆人时，你会是什么感觉？高兴？惊喜？还是恐惧……"克隆人"，他既非我们的父母，又非我们的兄弟姐妹。他只是人类的一个复制模本，他是一个孤立的存在。或许你要问，那"克隆人"怎么生活啊，那社会岂不是乱了套？这也是人们对克隆人坚决反对的原因之一。的确，克隆人打破了人类的遗传规律，也给人类社会带来了茫然。

生物技术是迄今为止非常强大的技术，借助于它的发展，人类攻克了一个又一个科技难题：人类可以培育更加优良的畜种，可以生产人的胚胎干细胞用于细胞和组织替代疗法，可以复制濒危的动物物种，保存和传播动物物种资源等等。但是如果使用不当，它有可能会给人类带来前所未有的危害。例如，人们在使用生物技术手段改造生物时，并不总能把握住它的发展方向，而且生物工程产品具有生物的特征，可以繁殖和迁移。一旦流入自然界，进入生态系统，将不再可能收回。况且生物技术的研究对象是包括人在内的生物，利用的手段是生物工程改造，结果是不可逆地改变某些基因，或是创造出一个全新的物种或个体。除对生物的直接影响外，对人类的道德伦理观念也是一个冲击。所以，动用这样一个具有巨大破坏力的技术手段应该慎而又慎，应该规范研究行为，把科研活动纳入一个有序的轨道。

走进本书，让我们一起详细地了解克隆的奥秘，知道什么是克隆技术，克隆技术带给我们的利与弊，克隆人的是是非非以及我们应该怎样对待。

科学的发展既依赖于对科学问题的探索，也得益于人们美好的向往。神奇的克隆正向人类展示它诱人的前景……

目 录
Contents

1

2

生命复制的信息

生命的单元——细胞

什么是细胞

在古代，人们知道怎样进行栽培、育种、嫁接和杂交，却并不知道为什么要这么做。这其中的奥秘是现代生物科学家才给我们揭示出来的。现在我们知道，生命的基本单位是细胞，栽培、育种、嫁接和杂交实际上是细胞及细胞构成的组织在发挥作用。一个小小的细胞，诞生、发育、繁殖、分裂，使得育种和杂交成为可能。成千上万个细胞构成的生物组织"军团"，使得栽培和嫁接成为可能。归根结底，还是因为细胞本身就具有生命的全部复制功能。

细胞是生命的基本单位，所有的生命形式，基本上都是以细胞为基础的。生命要延续，不管是有性生殖，还是无性生殖，归根结底，都是小小的细胞在不停地"吃喝拉撒"，在不停地复制自己。因为细胞本身就具有生命的全部复制功能，因此现代生物学家要进行"克隆"，就要对细胞进行"手术"。

生命开始于细胞，所有的生命活动只有在细胞结构中才能实现。但细胞的发现经历了一个漫长的过程。17世纪60年代，胡克发现了孕育生命的细胞；19 世纪 30 年代，施旺和施莱登创立了伟大的细胞学说，他们把生命的奥秘和生命的本身浓缩到了一个微观境界，实现了生命科学的第一次统一。生命宝盒的开启，使人们认识到小小的细胞如同人类社会一样，是一个奇妙的大千世界，是由膜包裹着的生物大分子体系的精细结构。让我们走进细胞的王国，去探寻奥秘吧！

细胞的构成

从整体上看，细胞分原核细胞和真核细胞两大类。从原生动物到人类，从低等植物到高等植物，绝大多数动植物都是由真核细胞构成的。真核细胞里具有真正的细胞核。细菌、蓝藻属于原核细胞生物，它们的结构简单，种类不一。原核细胞的外部由细胞膜包围着，内部脱氧核糖核酸（DNA）的区域没有被膜包围，只有一条 DNA。这就是说，它没有一个像样的细胞核，原核细胞因此而得名。在先进的高倍显微镜下，可以清晰地观察到真核细胞的内部结构。以植物细胞为例，细胞的外面有细胞壁，细胞与细胞之间有一层胶状物，把两个细胞壁紧紧地黏合在一起；在相邻两个细胞细胞壁之间有胞间连丝，使细胞之间彼此互通；细胞内有细胞质和细胞核，细胞质内有线粒体、质体、内质网、高尔基体和液泡等内含物，还有丝状和管状结构，类似

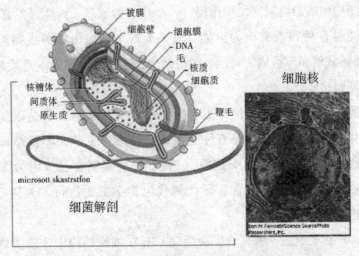

原核细胞

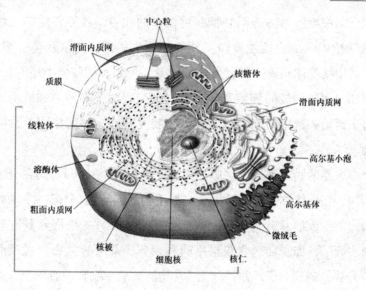

中心粒
滑面内质网
质膜
核糖体
滑面内质网
线粒体
高尔基小泡
溶酶体
高尔基体
粗面内质网
微绒毛
核被
细胞核   核仁

真核细胞图

3

细胞的肌肉和骨架；细胞核内有核膜，使核与细胞质分开，还有染色质和核仁；细胞的表面由一层质膜包裹，控制着细胞内外物质的运输。

细胞表面的那层质膜叫做细胞膜，又称质膜。细胞膜是一个有序的、动态的、开放的、具有选择性和渗透性的结构，它不仅是生命结构与非生命结构的边界，也是细胞内许多独立结构的边界。在显微镜下，细胞膜的结构变化多端，有的向内折叠成手指状，有的向外凸出形成月牙状。植物细胞的细胞膜外还有细胞壁，其主要成分是纤维素，具有支持和保护植物细胞的功能。

细胞的中枢是细胞核，它是遗传信息储存、复制和转录的场所。细胞核包括核膜、染色质和核仁等部分。核膜是包在核外的双层膜，外膜可延伸与细胞质中的内质网相连。一些蛋白质和 RNA 分子可通过核膜或核膜上的核孔进入或输出细胞核。染色质是细胞核中由 DNA 和蛋白质组成并可被苏木精等染料染色的物质，染色质 DNA 含有大量的基因片段，是生命的遗传物质，因此，细胞核是细胞的控制中心。核仁是细胞核中的颗粒状结构，富含蛋白质和 RNA，是核糖体的装配场所。在细胞核中，染色质和核仁都被液态的核质所包围。

细胞质是细胞膜内的透明黏稠并可流动的物质，各种各样的细胞器就分布在细胞质中。细胞器主要包括线粒体、内质网、高尔基体、溶酶体、质体等，其中线粒体和质体是较大的细胞器。另外，细胞质中还有由微管、肌动蛋白和中间丝构成的细胞骨架。有些细胞表面还有鞭毛和纤毛，可帮助细胞自主运动。这些细胞器相互关联，相互补充，协同作用，共同执行生命功能。

各类细胞器的膜（如内质网膜、内囊体膜等）、核膜和质膜在分子结构上基本相同，它们统称为生物膜。大多数生物膜的厚度只有 7~8 纳米，主要是由磷脂类组成的双分子层，脂双层中还以各种方式镶嵌着具有重要功能的蛋白质分子，如受体。脂双层中的磷脂分子亲水的"头"（磷酸的一端）向着外侧，磷脂分子疏水的"尾"（脂肪酸的一端）向着内侧。根据脂双层中脂类分子和蛋白质分子可以横向移动的发现，生物学家辛格在 1972 年提出了生物膜的流动镶嵌模型。

生物膜是支持细胞正常生命活动的最基本的结构，它使各个细胞器组成生命活动的统一体。内质网是合成膜的主要部位，大多数磷脂和胆固醇都是在此合成，许多膜蛋白也在这里合成。它们通过内质网表面时，将内质网膜包裹在自己身上，然后像乘车旅行那样，到达高尔基体，并成了高尔基体的一部分。在高尔基体内，蛋白质进行再加工后，或到溶酶体内或被运输到质膜与其他结构中。这样，通过膜的流动（又称膜流）就实现了物质的运输更新，膜也随之不断得到再生和流转。

生命起源于细胞。在漫长的生命演化过程中，为适应不同需要出现了各种各样的细胞。如传导冲动的神经细胞、自律跳动的心肌细胞、携带氧气的红细胞、提供能量的肌肉细胞、吞噬病菌的白细胞，等等。细胞直径一般为 10~30 微米，但体积大的细胞，人的肉眼就可以看见，如鸟类的蛋最大的直径达 10 厘米，章鱼的神经细胞有几米长；最小的细胞直径不到 1 微米，如支原体只有 0.1~0.3 微米，原始细菌也要用高倍显微镜才能看清楚。细胞的大小，即使在同一生命体的相同组织中也不一样。同一个细胞在不同发育阶段，它的大小也会改变。

细胞的形状多种多样，有球体、多面体、纺锤体和柱状体等。由于细胞内在的结构和自身表面张力以及外部的机械压力，各种细胞总是保持自己的一定形状。细胞的形状和功能之间有密切关系。例如，神经细胞会伸长几米，这是因为伸长的神经细胞有利于传导外界的刺激信息；高大的树木之所以能郁郁葱葱，是因为植物内的导管、筛管细胞是管状的，有利于水分和营养的运输。

奇妙的细胞社会

我们知道，细胞是生命的最基本的结构单位。虽然每个细胞都可以独立地生活，但多数生命体是由多细胞组成的，即使某些单细胞的病菌也常常形成一个群体。因此，细胞多数是生活在群体环境中的。细胞在群体之间互相分工、互相协作、互相制约，共同构成了奇妙的大千世界——细胞社会。

在细胞社会中，数以万计的细胞要建立确定的关系：首先细胞间要能互相识别；其次细胞间要形成固定的连接；最后在识别和连接的基础上，细胞之间、细胞与个体之间要能相互进行信息交流。只有这样，一个基本的细胞社会才能形成。

细胞之间能够互相识别，是维尔森在1907年的海绵实验中证实的。海绵是最简单的多细胞动物，仅由5~6种细胞组成，用机械方法就可将海绵体游离成单个细胞。当维尔森把颜色不同的两种海绵细胞混合时，游离的单细胞会迅速重聚成团，结果每个聚合体只含一种颜色的细胞。维尔森发现，这种细胞间的互相识别特征在其他的物种上也表现得非常明显。如将鸟类或哺乳类动物的肝脏细胞分散，重聚时同物种的细胞也会迅速相聚；植物花粉与柱头的识别，只有同种花粉才会萌芽；精子和卵子的识别，也只有同物种才能受精……

可见，细胞间的识别是普遍存在的，并有物种、器官和发育过程的特异性。细胞之间的特异识别的分子基础是细胞表面的糖复合物，即黏附在细胞表面的跨膜糖蛋白分子。该分子的大部分在胞外，且常有糖链；胞质

5

部分一般较小，具有信号传递或信号放大的作用。

经过识别后形成的稳定的细胞聚合，为形成细胞连接提供了条件。细胞连接是指多细胞有机体中相邻细胞之间，通过细胞质膜相互联系和协同作用的重要组织方式。根据不同的组织功能，细胞之间发展出相应的连接方式，如封闭连接、间隙连接、锚定连接等。

封闭连接是存在于小肠上皮细胞或脂肪细胞中的一种连接方式，又叫紧密连接。它形成的封闭连接结构可以起到封闭隔离的作用，保护内部组织不受侵害，同时将相邻细胞间的上皮组织联合成一个整体，阻止了可溶性物质从上皮细胞一侧向另一侧扩散。间隙连接是存在于肝细胞中的一种连接方式。它是通过一排坚硬而空心的圆筒形结构蛋白将细胞连接起来，并且圆筒的两端插入相邻的细胞中，这样就在 2～3 纳米的细胞间隙建立了一个中空过道，相邻的两个细胞正是依赖这一结构进行离子和小分子的交换。锚定连接是存在于上皮组织、心肌组织等结构中的一种连接方式。

在相互识别和形成连接的基础上，通过直接通讯或连接通讯、神经传导和激素信号等方式，细胞之间就可以进行通讯了。多细胞生物细胞间的通讯，对于多细胞生命体的诞生和组织构建、协调细胞功能、控制细胞分裂和生长是必须的。今天，细胞之间、细胞与个体之间的信息通讯，已经成为生命科学领域的一个研究热点。

细胞的化学成分

细胞中的化学成分是极其复杂和繁多的，需要利用现代生物化学知识和技术进行分析研究。而正是这些复杂繁多的化学成分，构成了生命存在和新陈代谢的物质基础。生物化学是以研究生命的物质基础和阐明生命的物质代谢为主要目的的科学，直接涉及生命的本质问题。

早在 19 世纪下半叶，伟大的革命导师恩格斯就在生命的定义中指出："生命是蛋白体的存在方式，这个存在方式的基本因素在于和它周围的外部自然界的不断地新陈代谢，而且这种新陈代谢一停止，生命就随之停止，结果便是蛋白质的分解。"恩格斯对生命定义在一定程度上揭示了生命的物质基础，即具有新陈代谢功能的蛋白体。

进入 20 世纪，人类对生命的认识迅速发展。1953 年遗传物质 DNA 双螺旋结构的发现，开创了从分子水平研究生命活动的新纪元。此后，遗传信息由 DNA（脱氧核糖核酸）通过 RNA（核糖核酸）传向蛋白质中心法则的确立、遗传密码的相继破译、蛋白质的人工合成等一系列重大研究成果表明：核酸（DNA 与 RNA）和蛋白质是生命的最基本物质，蛋白质是一切生命活动调节控制的主要承担者，生命活动在酶的催化作用下进行，几乎所有酶的化学本质是蛋白质。从而揭示了核酸、蛋白质、酶等生命大分子的结构、功能和相互关系，为研究生命现象的本质和活动规律奠定了理论基础。

核酸——生命的本源物质。核酸是细胞的核心物质，是细胞里最重要的生命大分子之一。核酸呈酸性，最初是从细胞核中发现的，所以称为核酸。地球上的所有生命体中都含有核酸，它是支配生命从诞生到死亡的根源物质，主宰着细胞的新陈代谢，储存着生命的全部遗传信息。因此，核酸被现代科学家誉为生命之本。

根据核酸中所含戊糖的不同，可将核酸分成脱氧核糖核酸（DNA）和核糖核酸（RNA）两类，它们都是由许多顺序排列的核苷酸组成的大分子。每一个核苷酸含有一个戊糖（核糖或脱氧核糖）分子、一个磷酸分子和一个含氮的有机碱（碱基）。这些有机碱分为两类，一类是嘌呤，是双环分

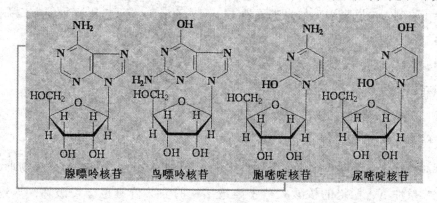

腺嘌呤核苷　　鸟嘌呤核苷　　胞嘧啶核苷　　尿嘧啶核苷

核酸结构图

子；一类是嘧啶，是单环分子。嘌呤包括腺嘌呤（A）和鸟嘌呤（G）2种；嘧啶有胸腺嘧啶（T）、胞嘧啶（C）和尿嘧啶（U）3种。DNA的碱基是A、T、C、G，RNA的碱基是A、U、G、C。脱氧核糖或核糖上第一位碳原子与嘌呤或嘧啶结合，就成为脱氧核苷或核苷，第三位或第五位碳原子再与磷酸结合，就成为脱氧核糖核苷酸或核糖核苷酸。多个核糖核苷酸以磷酸顺序相连成长链的多核苷酸分子，就成了核酸的基本结构。

根据DNA晶体X射线衍射的结果分析，沃森和克里克划时代地提出了DNA双螺旋结构模型。DNA分子是由两条反向平行的多核苷酸长链组成的双螺旋链，链的主体是糖基和磷酸基，以磷酸二酯键相连接而成，与糖基以糖苷键相连的嘌呤、嘧啶碱基位于螺旋中间，碱基平面与螺旋轴相垂直，两条链的对应碱基之间，呈A∶T、G∶C配对关系。DNA螺旋的直径是2.0纳米，螺距为3.4纳米，每个螺距中包含10个碱基对，相邻两个碱基对平面之间的垂直距离为0.34纳米。

在双螺旋结构的基础上，DNA大分子进一步折叠盘旋，可以形成染色质和染色体。在真核细胞中，每一个染色体就含有一个DNA双链分子，细胞核中有几对染色体就有几对双链DNA分子。通过DNA分子复制，可以将遗传信息准确地由上代传递至下代。在某些病毒中，DNA也可以是单链的结构，但在质粒中DNA是环状的。

DNA双螺旋结构中，A、T配对碱基之间形成2个氢键，G、C

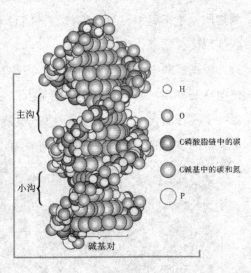

DNA 结构

配对碱基之间形成3个氢键，因此DNA分子非常稳定。但在加热等物理、化学条件下，稳定的核酸大分子高级结构的非共价键也会被破坏，导致DNA双螺旋被拆开，成为两条单链，这就是核酸分子的变性。在变性因素除去后，DNA分子可以慢慢恢复双螺旋结构，称为复性。在复性过程中碱基仍然会严格配对。

　　与DNA分子显著不同的是，RNA分子是单链存在的。细胞内的RNA大分子主要有三种类型，一是信使RNA（mRNA），负责把DNA分子中的遗传信息转译为蛋白质分子中的氨基酸序列；二是转运RNA（tRNA），在蛋白质合成过程中起着搬运单个氨基酸的作用；三是核糖体RNA（rRNA），它与蛋白质组成核糖体以提供蛋白质的合成场所。三种RNA互相配合，共同完成把DNA分子中的遗传信息表达为一定的蛋白质结构。

　　RNA通常只有一条多核苷酸链，但单链的局部区域可能形成配对结构，如tRNA分子中出现三个主要的配对区段，形成三叶草型结构。tRNA分子还能再进一步扭转折叠，形成一个类似倒写的大写"L"字母的样子。除某些RNA病毒是以RNA为模板合成RNA外，生命体内的RNA一般都是以DNA为模板合成的。科学研究表明，RNA还有像酶一样的催化作用。

　　一直以来，人们都认为DNA是演绎生命的重要角色，而RNA只是前者

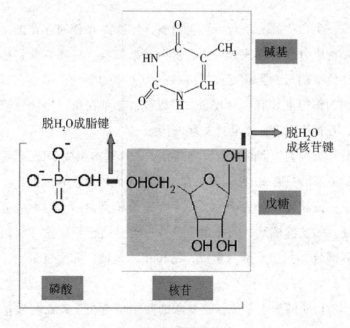

三叶草型结构

的配角，作用不那么大。然而事实并非如此。近年的众多发现都表明，一些长度较短的所谓小核糖核酸，能够对细胞和基因的很多行为进行控制，比如打开、关闭多种基因，删除掉一些不需要的 DNA 片段等。其中最令人兴奋的发现是，小核糖核酸在细胞分裂过程中也能发挥重要控制作用，可指导染色体中的物质形成正确的结构。这些发现有望为科学家提供操作干细胞的新工具，以及用于探索治疗癌症等由于基因组错误所致疾病的新方法。

在人们发现核酸以前，曾认为蛋白质是生命的基础。后来才知道，核酸是生命的本源营养素，控制着蛋白质的合成，决定着蛋白质的性质。DNA是蛋白质合成的设计师，RNA 是蛋白质合成的制造者，就像盖房子一样，DNA 是房子的设计师，RNA 是房子的建筑师。我国著名生物遗传学家谈家桢院士指出："更本质的生命物质是核酸，而不是蛋白质。"100 多年来，全世界已有 69 位科学家因从事核酸及其相关研究而荣获诺贝尔奖，他们的研究成果更加充分地表明，核酸是创造生命并支配生命体从诞生到死亡的本源物质。

蛋白质——生命功能的执行者。蛋白质在生物界是普遍存在的，是生命体的重要结构成分和营养成分。所有生命现象都与蛋白质有着直接或间接的关系，即使像病毒、类病毒那样以核酸为主体的生物，也必在其寄生的活细胞蛋白的作用下才有生命现象。可以说，正是在蛋白质和核酸两者的互相依赖、互相作用下，使生命成为一个统一体。

蛋白质是一类种类繁多的含氮生物高分子，其基本组成单位是氨基酸。构成蛋白质的氨基酸只有 20 种，其中有 8 种是人体内无法合成的，需要从食物中摄取。蛋白质可以分为两大类，一类是简单蛋白质，它们的分子只由氨基酸组成，如核糖核酸、胰岛素等；另一类是结合蛋白质，它们的分子由氨基酸和部分非蛋白质部分组成，结构相当复杂，如血红蛋白、核蛋白等。

作为组成蛋白质的基本单位，氨基酸的共同特点在于，在与羧基相连的碳原子上都有一个氨基，另一个 R 基。不同氨基酸其 R 基各不相同。一个氨基酸的 a 氨基与另一个氨基酸的 a 羧基脱水缩合，形成肽键并生成二肽化合物。不同数目的氨基酸以肽键顺序相连形成多肽链，多肽链形成蛋白质分子。组成蛋白质的 20 种氨基酸在肽链中的不同排列顺序，产生了不同的蛋白质分子。在生物界，蛋白质的种类是一个天文数字。由于不同生命体细胞内存在着不同的蛋白质，所以生命体能显示出不同的性状。

蛋白质分子具有复杂的结构。一级结构就是指上面所说的多肽链的氨基酸顺序；二级结构是指多肽链借助氢键排列成沿一定方向的周期性结构，如 a 螺旋、β 折叠等；三级结构指的是多肽链借助各种非共价键，绕成具有特定肽链走向的紧密球状结构；两条以上肽链组成的蛋白质，在每条肽链的三维结构基础上，互相结合形成的复杂的空间结构，就是四级结构。每一种天然蛋白质都有自己特有的空间结构，这种空间结构通常称为蛋白质的构象。蛋白质活性与蛋白质结构密切相关。蛋白质空间结构的改变会使其失去活性，但当其恢复天然构象后，活性也会随之恢复。

作为生命功能最忠实的执行者，蛋白质在生命体的生命活动中，起着举足轻重的作用。蛋白质是有机体的结构成分，生物的遗传性状都与蛋白

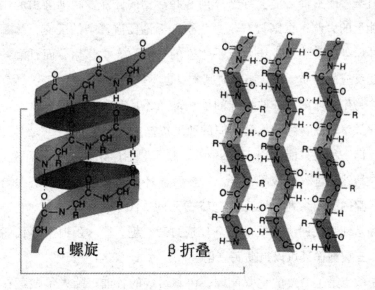

α 螺旋　　β 折叠

蛋白质分子结构图

质有关。各种生物化学反应中起催化作用的酶主要是蛋白质（RNA 也有催化作用），它们参与基因表达和代谢的调节以及各种生物化学反应。胰岛素、胸腺激素等重要激素也是蛋白质。细胞中的电子传递、神经传递乃至高等的学习、记忆等多种生命活动过程都离不开蛋白质。另外，贮藏氨基酸、运输氧气、进行免疫反应等也是蛋白质的生命功能。

酶——生命活动的催化剂。酶是生命体内重要的催化活性物质，在细胞内扮演各式各样化学反应（如合成、分解、氧化、还原等）的催化剂。随着研究的深入，人们已相继弄清了溶菌酶、羧肽酶等一些重要酶类的结构与作用机理，同时对酶在代谢中的地位、酶的种类、酶的特性等问题的研究也做了大量的工作。

绝大多数的酶是蛋白质，有的由一条肽链构成，有的由多条肽链构成。酶的活性与它的空间结构有关，在冷、热、酸、碱、重金属等影响下，会因构象改变而失活——失去了蛋白质的活性。但也有些酶能够在 0℃ 或 100℃ 的环境中工作，有的耐酸，有的耐碱，这都与它们的内部结构相关。

生命活动在代谢中体现，而几乎所有的代谢过程都涉及到酶的催化作用。一旦某些酶失活，便会导致体内某些活动的停滞，轻则会引起生命体某些功能上的失调，重则会有生命危险。不论任何复杂的反应，酶都可以在生命体所处的常温、常压及近乎中性的环境下产生作用。而且酶的参与不会改变反应的性质，反应结束时其本身也不被消耗。

酶作为生命体内的一种特殊的催化剂，还具有自己的很多特性。一是酶的催化效率较高，可使化学反应的速度提高 $10^7 \sim 10^{12}$ 倍；二是具有高度专一性，即一种酶只能作用于某一种或某一类特定物质；三是容易变性失活，酶失活然后进入三羧酸循环。三羧酸循环是由很多酶和辅酶参与的包括八个步骤的反应系列，最后形成 15 分子的 ATP 和 2 分子的二氧化碳。三羧酸循环是细胞代谢中主要的循环反应过程，糖、脂、蛋白质等代谢中间产物进入三羧酸循环可以被彻底氧化。

脂肪酸也是生命体的重要能源，由其组成的甘油三酯大量贮藏在动物的脂肪组织和植物的种子或果实中。脂肪被氧化后放出的能量相当高，因此，在生命体中它成为贮藏能量的重要形式。脂类代谢的中间产物可以转变成维生素 A、E、K 及植物次生物质，如橡胶、桉树油等。人类的一些疾病如动脉粥样硬化、脂肪肝、苯丙酮尿症等都与脂类代谢紊乱有关。

生命体是一个开放的体系，它不断地与外界进行物质与能量的交换，不断地在体内进行物质与能量的代谢，生命体内的任何一种物质都是在新陈代谢中生成和分解的。这些代谢活动是由复杂的多分子体系来完成的，而这些体系本身也在不停地进行运动和更新。代谢就是指发生在生命体内全部的化学物质和能量的转化过程。

生命体是一个能量平衡体系，它从环境中取得物质和能量，用以构建自身的结构，维持生命活动，同时不断地分解更新已有的成分，加以再利用，并将不被利用的代谢产物排出体外。生命的初级能量主要来自光合作用，植物的光合作用可以说是生命存在和繁荣的基础。糖类、脂类、蛋白质、核酸都在代谢中不断更新，互相转化，最后转变成为非生命的物质。在物质代谢之中，物质在转化，能量在流转，信息在传递，生命因而能绵延不息。

生命复制的基础——DNA

我们知道：在生命的复制中，最重要的是 DNA。DNA 位于染色体上，而染色体只是 DNA 的载体。

在遗传中，真正的遗传信息是包含在 DNA 中的。所以，科学家们用一句话概括了 DNA 的重要性：DNA 是生物的遗传物质。之所以龙生龙，凤生凤，老鼠的儿子会打洞，都是由于各种生物的 DNA 所包含的信息各不相同。

即使是科学家用克隆技术来复制生命个体，其实质还是将亲代的 DNA 全部地、完整地、丝毫不差地转移到子代中去，从而来制造出一个同亲代一模一样的子代。

接下来，我们将和读者一道走进神秘的 DNA 王国，一起去了解 DNA 的奥秘。

13

DNA 是什么

虽然早在 1869 年科学家就发现了 DNA，但 DNA 的组成、结构及其生物功能，长达 70 多年无人知晓。

DNA 的发现本身也是一个偶然事件。1869 年，一个年轻的瑞士研究生米歇尔在做博士论文，他要测定淋巴细胞蛋白质的组成。蛋白质在当时只有 30 年的发现史，并被认为是细胞中最重要的物质。米歇尔为了获得更多的实验材料，便到附近的诊所去搜集废弃的伤员的绷带，想由此而洗出脓液来，其中含有很多的淋巴细胞。在实验室，米歇尔用各种不同浓度的盐溶液来处理细胞，希望能使细胞壁破裂而细胞核仍能保持完整。当他用弱碱溶液使细胞破碎时，突然发现一种奇怪的沉淀物产生了。这种沉淀物各方面的特性都与蛋白质不同，例如它既不溶解于水、醋酸，也不溶解于稀盐酸和食盐溶液。米歇尔意识到这一定是一种未知的物质。那么，这种物质是在细胞质里还是在细胞核里呢？为了搞清这个问题，他用弱碱溶液单独处理纯化的细胞核，并在显微镜下检查处理过程，终于证实这种物质存在于细胞核里。米歇尔将这种物质定名为"核质"。

1889 年，科学家阿尔特曼建议将"核质"定名为核酸，当时人们已经认识到所谓的"核质"实际上是核酸和蛋白质的混合物。

1909 年，科学家利文发现酵母的核酸含有核糖。那么，是否所有的核酸都会有核糖呢？为了解答这个问题，利文又继续研究了 20 年之久。1910 年，他发现了动物细胞的核酸含有一种特殊的核糖——脱氧核糖。于是人们认为核糖是植物细胞所具有的，脱氧核糖是动物细胞所具有的，因此，这就是植物和动物核酸的区别了。

直到 1938 年，人们才纠正了这一错误的看法。人们认识到酵母中对酸比较稳定的核酸是核糖核酸（RNA），在胸腺细胞中抽提纯化出来的对酸不稳定的核酸是脱氧核糖核酸（DNA）；所有的动植物的细胞中都含有上述两大类核酸。过去之所以能观察到酵母和胸腺细胞核酸的显著区别，是由于它们恰恰分别含 RNA 和 DNA 特别多的原因。以后人们还认识到 RNA 和

DNA 不单在核糖上有上述区别，而且在碱基组成上也有区别。RNA 含尿嘧啶，DNA 含胸腺嘧啶，这都是两者所特有的性质。

至此，人们艰苦地工作了 70 多年才获得这样非常有限的认识。核酸化学研究如此落后的现状已经严重地拖住了遗传学研究的后腿。

用 DNA 证明生命

遗传学家其实早就怀疑 DNA 具有遗传物质的功能。

1924 年，生物学家弗尔根发明了细胞核中染色体的染色方法，发现大多数动植物细胞几乎所有的核里，尤其是染色体上都有 DNA 存在。以后又证明了 DNA 是染色体的主要组成部分。当时基因已经被证明在染色体上，并且获得了遗传学界比较广泛地承认。这些都是非常有力的证据。

1948 年，生物学家万德尔、米尔斯基和赖斯等相继发现，在同一种生物体的不同组织的细胞里，单套单体染色体组的 DNA 的含量是个常量，并且发现 DNA 有倍数变化。例如，他们查明在黄牛的肝细胞里 DNA 的含量是 6.8×10^{-9} 毫克，而它的精子细胞里的 DNA 含量只有 3.4×10^{-9} 毫克，恰好是体细胞的 DNA 含量的一半，这同染色体在两种细胞里的存在形式是完全一致的。

这无疑是 DNA 作为遗传物质的重要证据。

随着细胞学染色技术的发展和核酸酶的运用，人类弄清了两种核酸在细胞中的分布。瑞典细胞化学家卡斯佩尔森用脱氧核糖核酸酶分解 DNA 的方法，证明 DNA 只存在于细胞核中，RNA 主要分布在细胞质里，但核仁里也有 RNA。1948 年，又有人发现染色体中有少量 RNA，细胞质中也有 DNA。20 世纪 40 年代，科学家把染色体从生物细胞中分离出来，直接分析其化学成分，确定 DNA 是构成染色体的重要物质。还发现同种生物的不同细胞中 DNA 的质和量是恒定的，并且在性细胞中，DNA 的含量正好是体细胞中含量的一半。用紫外线进行引变处理，在波长 2600 埃处效果最大，因为这个波长正是 DNA 的吸收峰。这些都成为 DNA 是遗传物质的间接证据。

证实 DNA 是遗传物质的试验整整进行了 16 年，并经过几位科学家的不

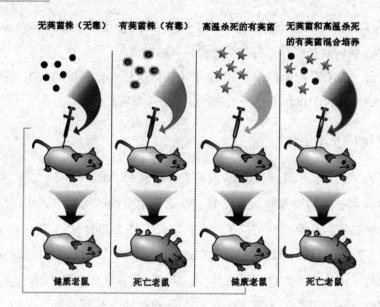

无荚菌株（无毒）　有荚菌株（有毒）　高温杀死的有荚菌　无荚菌和高温杀死的有荚菌混合培养

健康老鼠　　死亡老鼠　　健康老鼠　　死亡老鼠

肺炎双球菌实验

断重复和验证。这是遗传学史上最长的一个"马拉松"试验。1928 年，英国的科学家格里菲思做了转化实验。格里菲思采用的试验材料是肺炎双球菌，这是一种引起人类肺炎的病菌，它也可以使小家鼠发病。如果把感染了肺炎双球菌的病人的痰注射到小家鼠体内，24 小时内家鼠就会死亡。用显微镜检查死鼠的心脏，可以观察到大量的肺炎双球菌。这种病原菌体呈成对球状。仔细看，它外面包裹着一层很厚的透明的"衣服"，这叫荚膜，细菌就靠这层荚膜抵挡被感染动物的细胞对它的抵抗，所以这些荚膜几乎成为肺炎双球菌毒性的象征。

当人工培养肺炎双球菌时，它能在培养基上形成菌落（即克隆）。由于菌落周围比较光滑，因而人们把这种类型的菌叫做光滑型，记为 S 型。培养 S 型肺炎双球菌可以得到一种新的无毒性突变型 R 型肺炎双球菌，它之所以无毒就是因为它没有荚膜，从而这种 R 型肺炎双球菌不能抵抗生物体细胞对它的抵抗。所以将这种 R 型肺炎双球菌注射到小家鼠身体中，按道理小家鼠应该健康无恙。

可是格里菲思突然发现了例外情况：他将一个正常的能致病的 S 型肺炎

双球菌的样品加热杀死，然后与一个不致病的 R 型肺炎双球菌样品混合，注射至小家鼠体内。结果他惊奇地发现小家鼠死了。他把这些莫名其妙死亡的家鼠的心脏中所存在的细菌加以分离和检查，发现它们竟然都是 S 型肺炎双球菌。怎么 S 型肺炎双球菌"死而复活"了？而在此之前，格里菲思用 R 型肺炎双球菌样品和加热处理的 S 型肺炎双球菌样品分别注射的两组小家鼠都没有死，这说明加热处理的 S 型肺炎双球菌确确实实已经被杀死了。

格里菲思一遍又一遍地重复上述试验，结果却是家鼠一批一批地死亡。最后，他只能下结论：家鼠之所以成批地"死亡"，实验中的 S 细菌之所以会"死里逃生"，是由于加热杀死的 S 肺炎双球菌使那些无毒的活着的 R 型肺炎双球菌转化为 S 肺炎双球菌了。

这说明了一个什么问题呢？这说明在被加热杀死的 S 型肺炎双球菌中存在一种物质，这种物质很明显是一种遗传物质，它可以将 R 型的无毒的肺炎双球菌转化为有毒的 S 型肺炎双球菌。而这个实验的结果太出乎人们意料了，所以成了遗传学家们注意的焦点。于是许多生物学家前赴后继，继续重复格里菲思的试验。

1931 年后，人们证实，造成小家鼠死亡确实是由于 S 型肺炎双球菌"死而复活"，因为只要把活的 R 型肺炎双球菌及加热杀死的 S 型肺炎双球菌混合，放在三角瓶里振荡培养，无毒的 R 型肺炎双球菌也可以变成有毒的 S 型肺炎双球菌。又过了两年，生物学家又证实：把 S 型肺炎双球菌的细胞弄破，用由此而获得的提取液加到生长着的 R 型肺炎双球菌里，也能产生这种 R—S 的转化作用。

1944 年，艾弗里等三位科学家阐明了转化因子的化学本质。

从格里菲思的试验中我们知道，在被加热杀死的 S 型肺炎双球菌中一定有一种物质使 R 型肺炎双球菌转化为 S 型肺炎双球菌，所以艾弗里认为，问题的关键是要把这种物质找出来，于是他们就对被加热杀死的 S 型肺炎双球菌的提取液的所有成分进行了彻底清查。他们用一系列化学和酶催化的方法把各种蛋白质、类脂和多糖从提取液中除去，发现这并不会十分严重

17

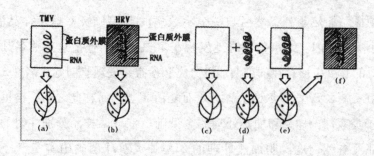

艾弗里证明遗传物质是 DNA 的实验

地降低 S 型肺炎双球菌和它的转化能力。这样一来，对转化因子的包围圈就大大缩小了。最后在对提取液进行一系列纯化后，三人得出结论：转化因子是脱氧核糖核酸（DNA）。

艾弗里是怎样得出这个结论的呢？这是因为：第一，只要把 S 型肺炎双球菌提取液的纯化的 DNA，用只有致死剂量的六亿分之一的剂量加到 R 型肺炎双球菌的培养物中，就能有产生 R—S 转化的能力；第二，这种"超效"转化因子对专门水解 DNA 的酶非常敏感，一碰上这种酶，其转化功能就立即丧失殆尽；第三，R 型肺炎双球菌被转化成 S 型肺炎双球菌后，按照 S 型肺炎双球菌一样的方法抽提它的 DNA，仍然具有使 R—S 的再次转化的能力；第四，不论是初次转化或是再次转化所产生的 S 型肺炎双球菌，它所具有的荚膜与 S 型肺炎双球菌的荚膜相比，两者的生物化学特性完全一样。

这个结论对于生物学来说，具有什么重大的意义呢？三人得到了如下结论：S 型肺炎双球菌 DNA 使 R 型肺炎双球菌永久地具有了产生荚膜的特性，并且这些 DNA 还能在 R 型肺炎双球菌中复制，成为再次转化的根源，也就是说，只有 DNA 才是遗传信息的载体。

艾弗里等人的实验结果取得了 DNA 是遗传物质基础的第一个和最重要的一个证据，在遗传学史上具有重大的历史意义。

最后证实 DNA 是遗传物质的试验是噬菌体感染试验。噬菌体是细菌的"瘟神"，是细菌的天敌和死亡之神。噬菌体不单危害细菌，也危害动物、植物和人类，这时人们统称它们为病毒。植物病毒最有名的是烟草花叶病毒，感染人类的病毒有感冒病毒、乙型肝炎病毒等。噬菌体（病毒）是地球上最简单、最原始的生命形式。它的结构很简单，只具有 DNA 和一个蛋白质外壳，而且 DNA 与蛋白质的比例差不多是 1：1。所以用噬菌体来研究它的基因的结构和功能的关系既方便又简单。遗传学家采用噬菌体作为试验材料，还由于噬菌体生长非常快，二三十分钟就一代，在一个玻璃培养皿内培养的厚厚的一层细菌，噬菌体可以在四五个小时内就叫它"全军覆没"。

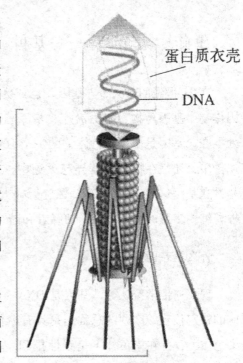

蛋白质衣壳

DNA

噬菌体的结构

20 世纪 30 年代初，德国出生的美国科学家施莱辛格就确定噬菌体也是一种核蛋白质。稍晚，美国微生物学家埃利斯在加州理工学院用大肠杆菌、噬菌体进行了许多实验，这时对遗传学问题抱有特殊兴趣的德国物理学家德尔布吕克抱着用新的途径寻找基因的愿望，从德国到美国加利福尼亚工作。当他了解了埃利斯的研究之后，感到噬菌体是研究基因复制的最有希望的材料，它比高等生物的基因理想得多，比动物和植物性病毒更为适宜。埃利斯和德尔布吕克进行合作，研究了细菌病毒的生活史，发现了噬菌体繁殖周期的三个阶段——吸附细菌期、潜伏期和溶菌期（即细菌细胞裂解期），同时证明裂解了的噬菌体从细菌细胞中释放出来。1942 年，意大利血统的美国微生物学家卢里亚和美国微生物学家安德森用电子显微镜揭示出噬菌体颗粒头部和尾部的详细结构。1946 年，德尔布吕克和贝利又用两个近缘噬菌体的突变体去感染细菌，在噬菌体后代中获得重组体（杂种），这样就产生了噬菌体遗传学。

生命复制的单位——基因

在 21 世纪的今天，"基因"已成为一个世界性的名词，基因食品、基因作物、基因药物、基因治疗、基因芯片……"基因"似乎无时不在，无处不在。基因是位于染色体上的一个 DNA 片断，它不管是在生命的复制和遗传中，还是在物种的变异与灭绝中，都发挥着决定性的作用。大自然正是站在基因这架生命的 DNA 螺旋天梯上，通过无数道复杂精确的命令，指挥着绚丽多彩的生命世界，演绎着和谐统一的生命过程。

什么是基因

现代遗传学家认为，基因是 DNA（脱氧核糖核酸）分子上具有遗传效应的特定核苷酸序列的总称，是具有遗传效应的 DNA 分子片段。基因位于染色体上，并在染色体上呈线性排列。基因不仅可以通过复制把遗传信息传递给下一代，还可以使遗传信息得到表达。不同人种之间头发、肤色、眼睛、鼻子等之所以不同，就是因为基因差异所致。

但人类对基因的认识却经历了一个漫长的过程。基因的最初概念来自奥地利遗传学家孟德尔的"遗传因子"。1909 年，丹麦学者约翰逊首次提出用"gene"（英文原意是开始、生育的意思，取其音译是基因的意思）一词代替"遗传因子"，并一直沿用至今。1921 年，生物学家缪勒提出基因在染色体上有确定的位置，它本身是一种微小的颗粒，其最明显的特征是自我繁殖的本性，新繁殖基因经过一代以

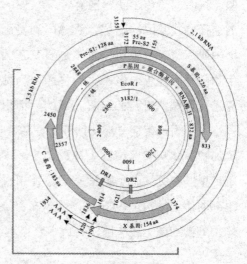

基因结构图

上可以变成遗传的基因。同时，缪勒认为应该摆脱基因概念创始人的束缚，而将基因物质化和粒子化。

1951年，摩尔根等生物学家发表了《孟德尔遗传的机制》一书，它系统地总结了主要遗传学观点，全面提出了基因论：（1）基因位于染色体上；（2）一个染色体通常含有许多基因；（3）基因在染色体上有一定的位置和顺序，并呈线性排列；（4）基因之间并不永远联结在一起，在减数分裂过程中，它们与同源染色体上的等位基因之间常常发生有秩序地交换；（5）基因在染色体上组成连锁群，位于不同连锁群的基因在形成配子时，按照孟德尔第一遗传规律和孟德尔第二遗传规律进行分离和自由组合，位于同一连锁群的基因在形成配子时，按照摩尔根第三遗传规律进行连锁和互换。

基因对遗传学家来说，如同原子和电子对化学家、物理学家那样，至关重要而不可或缺。摩尔根对此有一句非常深刻的名言："像化学家和物理学家假设看不见的原子和电子一样，遗传学家也假设了看不见的要素——基因。三者主要的共同点，在于化学家、物理学家和遗传学家都根据数据得出各自的结论。"迄今为止，从最高等的哺乳动物到最低等的细菌、病毒，基因在染色体上的原理都是适用的，基因论科学地反映了生物界的遗传规律。摩尔根的贡献不仅在于实现了基因结构的具体化和物质化，而且确立了基因是生命遗传的基本单位。

不过，摩尔根的基因论因为历史条件的限制，也存在一定的局限性。基因是什么样的物质，作为遗传粒子的基因究竟有什么功能，基因是如何发挥功能的等等一系列的问题，基因论都没有做出回答。而分子遗传学的诞生为解决这些问题开辟了的道路。

1944年，美国的艾佛瑞等证明DNA是遗传物质。1953年，沃森和克里克经过不懈地探索和分析，终于揭示了DNA双螺旋结构模型，标志着现代遗传学进入了分子生物学时代。DNA双螺旋结构的提出，使人类认识到：DNA结构上贮存着遗传信息，这些特定的信息规定着某种蛋白质的合成，核苷酸序列与氨基酸序列之间存在着特定的关系。从而，人们终于达成了

21

共识：DNA 是遗传物质，基因是核苷酸上的一定碱基序列。但是，在双螺旋结构发现以后的很长时间里，很多人都认为基因是不可分的遗传基本单位。

直到 1957 年，生物学家本泽尔在分析基因内部精细结构的时候，认为基因是 DNA 分子上的一个特定区段，作为遗传信息的功能单位，在结构上是由许多可以独自发生突变或重组的核苷酸组成。1969 年，夏皮罗等证明大肠杆菌基因可以离开染色体独立发生作用。1970 年，梯明发现仅以 RNA 作为遗传物质的逆转录病毒，提示遗传物质不但可以是 DNA，也可以是 RNA。1977 年，科学家在猿猴病毒和腺病毒中发现基因内有分区，并把表达部分称为外显子，不表达部分称为内含子。随后，在大肠杆菌中科学家又发现，基因可以在染色体及染色体外的 DNA 之间往返飞行。

这些基因不连续现象的发现，说明功能上相关的多个基因可以分散在染色体的不同部位，而且同一基因也可以分为几个部分，一个基因的内含子可以是另一个基因的外显子。与基因不连续的现象相反，英国的桑格发现基因还可以是重叠的，即几个基因可以共用一段 DNA 序列。现代生物学已经证明，基因是遗传信息的载体，是 DNA（脱氧核糖核酸）或某些病毒中 RNA（核糖核酸）的很小很小的区段。一个 DNA 分子可以包含成千上万个基因，每个基因又包含若干遗传信息，而且已知的遗传信息都是三体密码的形式。

随着人们对基因认识的发展和深化，基因的概念也不断地得到修正和完善，不断被赋予新的内容和含义。在经典遗传学中，基因作为存在于细胞里有自我繁殖能力的遗传单位，它的含义包括三方面的内容：第一，在控制遗传性状发育上是功能单位，又称顺反子；第二，在产生变异上是突变单位，又称突变子；第三，在杂交遗传上是重组或交换单位，又称重组子。新的基因理论把基因分成顺反子、突变子和重组子，不仅证明基因是可分的，而且打破了传统的"三位一体"说，为全面揭示生物遗传和变异规律，准确认识生命本质和活动过程奠定了基础。

基因在哪儿

遗传学和细胞学殊途同归，这是历史的必然进程。但是当时对这么两个完全独立的学说的必然联系，并没有立即得到遗传学家和细胞学家的广泛支持。人们总是在想，至多存在着基因和染色体的平行现象而已，平行并没有反映出两者具有一定的前后因果和空间位置的必然联系。

于是，人们开始寻找位于染色体某一特定位置上的基因。

要证明基因是在染色体上，却不是容易的事。每一种生物里有为数很多的染色体，除了细胞在分裂时染色体短暂地列队集合亮了一下相以外，在细胞的绝大部分时间几乎看不到染色体。染色体在分裂时又有难以捉摸的自由组合现象。如果生物的细胞里存在有一种加了标记的染色体，那就好了，这样无论它到哪里，都可以把它找出来。

其实细胞学家早已找到这种染色体。1891 年德国科学家汉金发现在一种半翅目昆虫细胞中，雄性的比雌性的缺少一个染色体。由于不知其所以然，他就把那条失去配偶的"光棍汉"称 X 染色体。本世纪初，细胞学家又发现，在其他昆虫里也有这种情况。有些昆虫的"光棍汉"虽然已经有了"配偶"，但这个"配偶"也太不像样了，是个"驼背"，呈钩形，于是就把这个钩形染色体称 Y 染色体。

1910 年摩尔根发现了果蝇的白眼性状的伴性遗传现象，并第一次把一个特定的基因定位于一条特定的染色体上。摩尔根在做果蝇杂交实验的过程中，突然发现了一个白眼的雄果蝇，它的生活力很低。正常的果蝇的眼色是红的。他继续做了三组试验。

第一组试验：把这个唯一的白眼雄果蝇与红眼果蝇进行交配。结果在子一代的杂种中没有发现一个白眼的果蝇，这说明白眼是一个隐性突变。子代的结果与孟德尔的学说完全相符。摩尔根感到非常有趣，于是进一步做了子二代试验。在子二代果蝇中，出现了白眼的后代，而且红眼果蝇与耳眼果蝇的比例基本上是 3：1。但是这里有一点是分离定律所不能解释的，就是所有的白眼果蝇只限于雄性。

23

第二组试验：把子代的红眼杂种雌蝇再同仅有的一只白眼雄蝇亲本交配，这实际上是孟德尔的测交试验。回交结果基本上符合 1:1:1:1。这正是孟德尔对因子回交结果的预期值。同时在第二组试验中，摩尔根还发现白眼性状不但能在雄性果蝇中出现，而且也能在雌性果蝇中出现。

第三组试验：白眼雌蝇同另外一些红眼雄蝇交配。在这个试验里的子一代中，摩尔根发现：凡是雌蝇都像父亲，全是红眼；凡是雄蝇都像母亲，全是白眼。特别是作为隐性的白眼，居然出现于子一代，这确实是新情况。更使摩尔根感兴趣的是，这些子一代红雌蝇与白

果 蝇

雄蝇相互交配，生出的子二代的结果完全和第二个试验中的回交结果一样，其比例也是 1:1:1:1，红雌、白雌、红雄、白雄基本上以相同数目出现于子二代。

摩尔根对自己亲自做的上述三组试验进行了综合分析。他非但没有否定孟德尔的遗传规律，而且由于他知道雄性果蝇有一条特殊的 Y 染色体，它的性染色体型是 XY 型。所以，他下结论说控制红白眼性状的基因就在果蝇的性染色体——X 染色体上。

第一组试验使摩尔根肯定了果蝇的红眼和白眼性状是一对相对性状，是由一对基因控制的；第二组试验充分证明，红白两个性状确实来自同一个基因，因为这里测交的结果只有红白两种果蝇。另外可以看出白眼性状的表现并不一定只是雄蝇有，回交的后代有一半是白眼雌蝇；第三组实验是一个关键的试验，因为红眼基因和白眼基因这一对等位基因存在于性染色体上。

由于果蝇的性染色体有两种：X 染色体和 Y 染色体，那么，控制果蝇

红眼还是白眼的基因是位于 X 染色体上还是 Y 染色体，或者在 X 染色体和 Y 染色体上同时存在。摩尔根认为 X 染色体上有这个基因，Y 染色体上则没有这种基因。这是因为摩尔根知道，Y 染色体是一个"残废者"，Y 染色体上基因很少。

因此，只要认为隐性的白眼基因在 X 染色体上，Y 染色体没有白眼基因的等位基因，它仅决定雄性性别，这样上述三个试验就非常容易理解了。否则，很难找到其他的解释。

从而，摩尔根证明了基因是位于染色体上。

1911 年，摩尔根又发现了几个

摩尔根

伴性遗传基因，从而说明，基因的对数很多，而染色体的对数则很少，基因的对数大大多于染色体的对数。如果基因在染色体上，势必每条染色体上要有很多基因。

摩尔根将在同一对染色体上的基因称为一个连锁群，同时还发明了三点测交法来确定基因之间的相互位置和距离。如果基因是位于染色体上，那么读者不难知道，生物体中的连锁群的数目应该和染色体的对数相同，具体到果蝇上，就应该存在 4 个连锁群。如果在果蝇中发现四个连锁群，也就证明了基因是位于染色体上。

到了 1914 年，摩尔根实验室已经在果蝇中发现了八十多个基因。并确立了 3 组连锁群。而果蝇一共有 4 对染色体，按照摩尔根所确立的基因在染色体上呈直线排列的理论，那么应该有 4 组连锁群。而现在只找到了 3 组连锁群。于是从 1910 年开始，摩尔根和他的合作者找了 4 年，鉴定了将近二百个基因，仍然没有发现这最后一组连锁群。这对摩尔根的理论甚至对整个遗传的基因理论都是一个严峻考验，因为他的理论如果没有充分的事实支持是不能获得承认的。1914年难关终于被攻破了。马勒找到了位于第四染色体上的第一个基因。这个基因与果蝇的眼有关，它的隐性性状是无眼。为什么果蝇的第四染色体上的基因这么难发现呢？从果蝇染色体的形态可以看出，这个染色体太小太短了，几乎是一个小圆圈，它所含有的基因不到果蝇基因总数的百分之一。无眼基因被发现后，又发现了另外两个基因与它连锁，这就证明第四个连锁群是客观存在的。不过它们的交换值都非常小，还不到一个图距单位，这正好与第四个染色体极短的长度相符合。

遗传学上的连锁群数与细胞学上的染色体数相等，这一生动的事实再一次证明了孟德尔——摩尔根遗传的染色体理论：基因是客观存在的，就在染色体上。

基因怎样控制遗传

一个关键问题是：基因是怎样控制性状的呢？这个问题的答案非常复杂，基因控制性状表现形式并不一样。

早在1902年，英国医生加罗特第一次引导人们注意基因和酶的关系。他是从临床医学实践把这种观念引进到生物学中来的。那时候已经知道有一种白化病，它的病因是由遗传因素引起的。加罗特把正常人和白化病人体内的生物化学反应做了比较，发现白化病是由于缺少一种酶而引起的。由于缺少这种酶，所以病人不能把酪氨酸转变成黑色素。而正常人体是有这种酶存在的，它能催化酪氨酸转变成黑色素的生物化学反应。由此看来，发生在有机体里的这样一种生物化学过程，是受支配这个酶合成的基因控制的。

1923年，加罗特在黑尿酸病患者中也发现有类似的情况。在正常个体中，有一个基因是负责尿里的一种酶合成，这种酶能加速一种正常代谢产物黑尿酸的分解。而在黑尿酸病患者中，等位基因的纯合子却造成了这种酶的缺失，于是黑尿酸就不再分解成二氧化碳和水，而是被排泄到尿里。

黑尿酸是一种接触空气以后就变黑的物质，因此，病人的尿布或者尿长期放置以后，就会变成黑色。根据白化病和黑尿病这些遗传病代谢异常资料，加罗特引入了"先天性代谢差错"的概念。他认为，这些患者的异常生化反应，是"先天性代谢差错"的结果，这种差错和酶有关，并且是完全符合孟德尔定律而随基因遗传。这样，加罗特的工作初步确立了基因和酶的合成有关的观念。

从 1940 年开始，遗传学家比德尔和美国的生物学家塔特姆合作，用红色面包霉做材料进行研究。他们发现它有很多优点，如繁殖快，培养方法简单和有显著的生化效应等，因此，研究工作进展顺利，并且得到了巨大的成果。他们用 X 射线照射红色面包霉的分生孢子，使它发生突变。然后把这些孢子放到基本培养基（含有一些无机盐、糖和维生素等）上培养，发现其中有些孢子不能生长。这可能是由于基因的突变，丧失了合成某种生活物质的能力，而这种生活物质又是红色面包霉在正常生长中不可缺少的，所以它就无法生长。如果在基本培养基中补足了这些物质，那么，孢子就能继续生长。应用这种办法，比德尔和塔特姆查明了各个基因和各类生活物质合成能力的关系，发现有些基因和氨基酸的合成有关，有些基因和维生素的合成有关，等等。

经过进一步研究，比德尔和塔特姆发现，在红色面包霉的生物合成中，每一阶段都受到一个基因的支配。当这个基因因为突变而停止活动的时候，就会中断这种酶的反应。这说明在生物合成过程中，也就是说基因和酶的特性是同一序列的。于是，他们在 1946 年提出了"一个基因一个酶"的理论，用来说明基因通过酶控制性状发育的观点，就是一个基因控制一个酶的合成。具体地说，每一个基因都是操纵一个并且只有一个酶的合成，控制那个酶所催化的单个化学反应。我们知道，酶具有催化和控制生物体内化学反应的特殊的能，这样，基因就通过控制酶的合成而控制生物体内的化学反应，并最终控制生物的性状表达。虽然"一个基因一个酶"的理论，既没有探究基因的物理、化学本性，也没有研究基因究竟怎样导向酶的形成，但是它第一次从生物化学的角度来研究遗传问题，注意到基因的生化

27

效应，在探索基因作用机理方面是有很大贡献的。

但到后来生物学家发现问题不是那么简单，基因有时并不控制酶的合成，而是控制蛋白质的空间结构，从而达到控制性状的目的，于是在此基础上，遗传学家和生物化学家又提出了"一个基因一条多肽链"的假说，一个酶是由许多多肽链构成的。这样若干个基因控制若干个多肽链，这些多肽链又构成一个酶，并最终控制生物的性状表达。

近年来，许多实验室对真核细胞基因的分析研究表明：DNA上的密码顺序一般并不是连续的，而是间断的；中间插入了不表达的、甚至产物不是蛋白质的DNA。实验还相继发现"不连续的结构基因"、"跳跃基因"、"重叠基因"等。这些研究成果说明，功能上相关的各个基因，不一定紧密连锁成操纵子的形式，它们不但可以分散在不同染色体或者同一染色体的不同部位上，而且同一个基因还可以分成几个部分。因此，过去的"一个基因一个酶"或前"一个基因一条多肽链"的说法就不够确切和全面了。

实际上，基因控制生物性状的遗传是非常复杂的，有直接作用，有间接作用，还有依靠一种叫做操纵子的东西来控制生物的遗传，甚至还受到环境的影响，等等。

基因的直接作用，如果基因的最后产物是结构蛋白，基因的变异可以直接影响到蛋白质的特性，从而表现出不同的遗传性状。从这个意义上说，可以看作是基因对性状表现的直接作用。

基因的间接作用，基因通过控制酶的合成，间接的作用于性状表现。这种情况比上述的第一种情况更为普遍。例如，高茎豌豆和矮茎豌豆，高茎（T）对矮茎（t）是显性。据研究，高茎豌豆含有一种能促进节间细胞伸长的物质——赤霉素，它是一类植物激素，能刺激植物生长，而矮茎豌豆则没有这种物质。赤霉素的产生需要酶的催化，而高茎豌豆的T基因的特定碱基序列，能够通过转录、翻译产生出促使赤霉素形成的酶。这种酶催化赤霉素的形成，赤霉素促进节间细胞生长，于是表现为高茎。而矮茎基因t，则不能产生这种酶，因而也不能产生赤霉素，节间细胞生长受到限制，表现为矮茎豌豆。这个过程可大体这样表示：基因——酶——赤霉素——细胞正常生长——高茎。

又如某些矮生玉米类型，它们之所以矮，是由于矮基因产生了一种氧化酶，破坏了茎顶端细胞所形成的生长素，使细胞生长受到限制，从而表现矮生型。而正常的高品种玉米则没有这种氧化酶，生长素正常发挥作用。这个过程也可这样表示：基因——酶——生长素破坏——细胞延长受限制——矮茎。

操纵子学说，操纵子是由紧密连锁的几个结构基因和操纵基因组成的一个功能单位，其中的结构基因的转录受操纵基因的控制。

所谓结构基因是指决定蛋白质结构的基因，这是一般常说的基因。操纵基因则对结构基因的转录有开、关的作用，操纵基因本身不产生什么物质。另外还有调节基因，通过产生一种蛋白质——阻遏物，调节其他基因的活动，但调节基因不属于操纵子的成员。

性状表现的复杂性，基因作用与性状表现的关系非常复杂，这种复杂性是由于若干组因子的相互作用、错综交织在一起而造成的。

在最初的基因作用与最后的性状表现之间，有好多发育步骤和综合影响。性状的表现不是一个基因的效果，而是若干个或许多个基因以及内外环境条件综合作用的效果。

例如玉米的高或矮性状，至少涉及 20 个基因位点，叶绿素的产生至少涉及 50 个基因位点。有些基因对于某性状的形成可能具有原始作用，而其他一些基因则产生具有调节功能的生长调节物质，还有一些基因间接地影响性状，或是作为基因的多效性发生影响，或是作为一些修饰因子。另外，基因的作用效果还受内外环境条件的影响。酶通常是在某一温度或某一酸碱度范围内才具有活性。如果基因的作用、酶的作用、激素的作用都受环境的影响，那么，可能的性状表现型就会多种多样。

推进进化。子代与亲代之间总是存在普遍的遗传现象，但世代之间又不完全一样，"一母生九子，连母十个样"，这种差异就是变异现象。正是基因的变异，各个物种才能维持其独特的形态和生理特征，保持其稳定性和多样性，以适应多变的环境，世代相承，延绵不绝。

也许在人们的想象中，基因在染色体中的位置是固定的。其实，基因在 DNA 结构上不是静止不变的。有少数的不安分的基因会不时地发生跳位，形成自然界的变异现象。变异分为不遗传的表现型变异、遗传的基因型变异两大类别。其中基因变异又分为组合变异、染色体畸变和基因突变三类。其中染色体畸变又分为结构变异和数目变异两类。染色体畸变和基因突变是突变的两个类别，这种突变产生的新性状一经出现，就可能遗传下来育成新种，即是说自然界又增加了一个新的具有显著特征的品种。目前，基因突变是世界各国研究的重点领域之一。

基因突变是指染色体上某一点的基因本身发生的变异。基因突变的范围很广，就整个生物界来说，从病毒、细菌、原生动物到高等动植物和人类都会发生基因突变。就一个个体来说，基因突变的范围也很广，包括外形、构造和生理机能等所有遗传性状都会发生突变。基因突变是生物体变异的根本原因。

基因突变的范围虽然很广泛，但绝大多数基因却是稳定的，很少会发生突变，或许在十万或百万个细胞中只有一次。因此就一个基因来说，自然突变的频率是很低的。如，在人类的 A、B、O 血型中有 3 个复等位基因 IA、IB 和 i，从来就没有发现过这 3 个基因发生突变。但在猿类中只有 IA 和 IB 基因而没有 i 基因，可见 i 基因是在从猿到人的进化过程中产生的，是在进化中从一个基因突变而成的。从 1900 年发现 A、B、O 血型到现在，我们从未在人类中看到这个位点发生任何突变，这个位点的突变频率是非常之低的。

基因突变现象是 1910 年摩尔根首先在果蝇中发现的。之后，科学家采用 X 射线和化学物质氮芥均诱发了果蝇的突变。1943 年，科学家证明大肠杆菌对噬菌体抗性的出现是基因突变的结果，接着，在细菌对链霉素和磺胺药的抗性方面也获得了同样的结论。于是，基因突变这一生物界的普遍现象被人们逐渐认识。20 世纪 50 年代末期，本泽尔的基因突变理论、佛里滋的碱基置换理论和克里克的移码突变理论，更加深了人们对基因突变本质的认识。现在我们知道，基因突变的发生和 DNA 复制、损伤修复、癌变、衰老等均有关系，因此，研究基因突变除了本身的理论意义外，还有其广泛的生物学意义。

基因突变带来的是福还是祸

迄今为止，因为基因突变而导致的各种遗传病已超过 6500 种之多。科学家已找到先天性青光眼基因，这是在人的第二染色体的一个基因的突变造成的。而在人的第十二号染色体上的一个基因突变，则会导致心脏和上肢发育畸形。血友病 B 患者则是因为缺少了凝血因子基因，致使出现了严重的凝血功能障碍。许多精神疾患实际上是遗传基因缺失症，是因为缺少了控制人体制造某种酶的合成的基因，而不能制造某种物质导致患病……基因突

基因突变的动物

变给人们带来了许多不幸和痛苦。

然而，随着 DNA 测序技术、克隆技术、转基因技术等先进技术的出现，人们不仅能确定基因突变所带来的 DNA 分子结构的改变，还能对生物进行有目的的定向诱变。这使得基因突变成为人类可以利用的现象。如在研究方面，人们可利用基因突变建立各种突变型；在应用方面，基因突变为育种选种提供了新的途径。基因突变也带来了福音。

基因突变既可以给生物带来好处，也可以给它们带来坏处。如果突变给有机体带来了某种有利的因素，那么，这个变异了的个体适应环境的能力就很强，成活的可能性就比较大，而且极有可能将突变的性状遗传给后代。反之，这些个体常常会因为不适应生存环境而死亡，甚至绝种。亿万

31

年来，无数的生物都经历了这样的风风雨雨，在物竞天择的规律下生灭繁衍，延伸着生命的漫漫长路。

生命复制的法则——遗传规律

生物在地球上一代接一代地繁衍下去，使人们逐渐产生了"遗传"这个概念。我国谚语里早就有了"种瓜得瓜，种豆得豆"、"龙生龙，凤生凤，老鼠生儿打地洞"这样的感性认识。但又有"一母生九子，连母十个样"的说法，用生物学的词汇来说就是变异。遗传，就是指子代许多性状像亲代，羊生出来的必然是羊，不会是别的动物。变异则是指子代具有一些亲代所没有的性状，两头白羊的后代有可能是一头黑羊，虽然它们都是羊。这两个既对立又相互统一的矛盾一直在困扰着人们，究竟，生物体的性状是如何遗传和变异的呢？

遗传的基本规律

1865 年，奥地利一名牧师孟德尔，经过长期的实验结果，向人们揭示了部分遗传规律。他认为：

1. 生物体的所有性状都是由遗传因子控制的；这些遗传因子在体细胞中成对存在，在遗传时是独立遗传，自由组合。

2. 控制同一种性状的遗传因子之间存在显隐性关系，当体细胞中存在同一性状的两种遗传因子时，只能表现显性的性状。只有当两个遗传因子都是隐性时，隐性性状才可能表现出来。比如，若红花遗传因子对白花的是显性，那么，如果体细胞中存在一对红花遗传因子，或一个红花遗传因子和一个白花遗传因子，都将表现出红花的性状。只有当体细胞中的两个遗传因子都是表现白花的遗传因子，这株豌豆才会表现出白花的性状。

孟德尔的遗传规律很好地揭示了豌豆几对性状的遗传规律，对其他生物也同样是适用的。不同的遗传因子独立遗传，在子代中自由组合，再加上复杂的显隐性关系，使得生物体的性状表现类型几乎是无穷的。

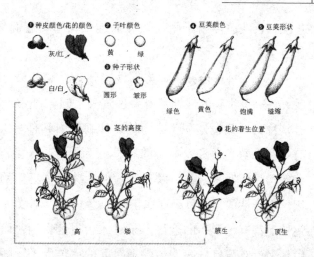

孟德尔豌豆杂交实验

随着研究的深入，人们渐渐发现造成这样遗传规律的根本原因和减数分裂有关。原来，决定遗传性状的遗传因子大都在染色体上。而在减数分裂的第一次分裂中，其染色体数目会减半，即形成的新的细胞染色体数只有原来的一半。那么，对于具体每一个细胞来说，由于分裂时染色体的分配是随机的，不同性状的遗传因子在此时将随机地组合。最后形成的生殖细胞将与另一亲本的生殖细胞结合同样是随机的。因此，在子代中，如果个体众多的话，性状是自由组合的。

比如，对豌豆来说，红花对白花是显性的，植株高对矮是显性的。如果有两株植物，它们都具有红花和白花的遗传因子，也都具有高株和矮株的遗传因子，将表现为红花、高株。它们的生殖细胞中遗传因子的组合将有 4 种情况：红花高株、红花矮株、白花高株、白花矮株。将这两株豌豆杂交，其下一代的性状是由上述 4 种遗传因子之间自由组合决定的，将会有四种表现性状，其比例是 9:3:3:1。

可是，这种遗传方式的前提是不同性状的遗传因子必须是在不同的染色体上，像孟德尔当年研究的那几对性状就是这样。如果几对遗传因子刚好都在同一染色体上的话，那情况就复杂些了。在子代中，这几对遗传因子所控制的性状将不会呈现出自由组合的情况，多数情况下几个性状总是一起出现，称为连锁遗传。

例如，假设在上面所举的例子中，红花遗传因子总是与高株遗传因子

33

连锁，白花遗传因子则与矮株的连锁，那么它们的子代将只有两种性状，比例为 3:1。

还有一种遗传方式称为伴性遗传，是和性染色体有关的遗传。人类以及许多高等生物的性别是由染色体决定的。对人类来说，性染色体有两条，分别称为 X 染色体和 Y 染色体，体细胞中具有两条 X 染色体者为女性，具有一条 X 染色体和一条 Y 染色体者为男性。人类许多遗传病如色盲、血友病等均是伴性遗传的。以色盲为例，决定色盲病的遗传因子对正常的遗传因子是隐性的，并且只存在于 X 染色体上。对女性来说，只有当两条 X 染色体上都有色盲病的遗传因子时才会得色盲病；而对男性来说，由于 Y 染色体上没有与色盲病遗传因子对等的遗传因子，因此，只要 X 染色体上有色盲病遗传因子就会得色盲。这就是色盲患者中男性远远多于女性的根本原因。

遗传的本质与基因治疗

分子生物学的出现使我们认识到了遗传因子的本质。原来的所谓遗传因子就是今天我们所说的基因。基因就是具遗传效应的 DNA 片段，基因通过编码某种蛋白质并控制其合成，从而使生物体表现出某种性状。

现在，许多遗传病的发病机理已经在基因水平上得到阐明。由此还发展了一套称为"基因治疗"的新的治疗方法。例如，血友病这一种遗传病，患者缺乏Ⅸ凝血因子的基因，我国的医学工作者近年来正在试验一种治疗方法，即把含有正常基因的成纤维细胞埋植到患者体内，使其恢复Ⅸ因子，大大缓解了症状。国外还试验将正常基因转入体外培养的淋巴细胞、骨髓细胞等，然后再将它们输回患者体内。并已经成功地应用于联合性免疫缺陷症、血友病、恶性肿瘤等严重威胁人类健康的疾病的治疗。还有的学者使用 DNA 直接注射法，将含有正常基因的 DNA 片段直接注入患者体内，也取得了一些疗效。总之，随着对遗传规律的研究不断深入，人类最终战胜遗传病的日子已经不远了。

基因工程

我们常常说基因是生物体进行生命活动的"蓝图"，这是因为生物体可以通过基因的特异性表达，来完成各种生命活动。例如，青霉菌能够产生出对人类有用的抗生素——青霉素；豆科植物的根瘤菌能够固定空气中的氮；家蚕能够吐出丝……那么，人们能不能通过改造生物体的基因，定向地改变生物的遗传特性呢？比如，通过对基因进行改造和重新组合，让禾本科的植物也能够固定空气中的氮，让细菌"吐出"蚕丝，让微生物生产出人的胰岛素、干扰素等珍贵的药物。科学家们经过多年的努力，终于在 20 世纪 70 年代，创立了一种能够定向改造生物的新技术——基因工程。

什么是基因工程

基因工程又叫做基因拼接技术或 DNA 重组技术。这种技术是在生物体外，通过对 DNA 分子进行人工"剪切"和"拼接"，对生物的基因进行改造和重新组合，然后导入受体细胞内进行无性繁殖，使重组基因在受体细胞内表达，产生出人类所需要的基因产物。通俗地说，就是按照人们的主观意愿，把一种生物的个别基因复制出来，加以修饰改造，然后放到另一种生物的细胞里，定向地改造生物的遗传性状。它是用人为的方法将所需要的某一供体生物的遗传物质——DNA 大分子提取出来，在离体条件下用适当的工具酶进行切割后，把它与作为载体的DNA分子连接起来，然后与载体一起导入某一更易生长、繁殖的受体细胞中，以让外源物质在其中"安家落户"，进行正常的复制和表达，从而获得新物种的一种崭新技术。

基因工程是在分子生物学和分子遗传学综合发展的基础上于上世纪70年代诞生的一门崭新的生物技术科学。基因工程具有以下两个重要特征：首先，外源核酸分子在不同的寄主生物中进行繁殖，能够跨越天然物种屏障，把来自任何一种生物的基因放置到新的生物中，而这种生物可以与原来生物毫无亲缘关系；第二个特征是，一种确定的DNA小片段在新的寄主细胞中进行扩增，这样实现很少量DNA样品"拷贝"出大量的DNA，而且是大量没有污染任何其它DNA序列的、绝对纯净的DNA分子群体。科学家将改变人类生殖细胞DNA的技术称为"基因系治疗"，通常所说的"基因工程"则是针对改变动植物生殖细胞的。无论称谓如何，改变个体生殖细胞的DNA都将可能使其后代发生同样的改变。

迄今为止，基因工程还没有用于人体，但已在从细菌到家畜的几乎所有非人生命物体上做了实验，并取得了成功。事实上，所有用于治疗糖尿病的胰岛素都来自一种细菌，其DNA中被插入人类可产生胰岛素的基因，细菌便可自行复制胰岛素。基因工程技术使得许多植物

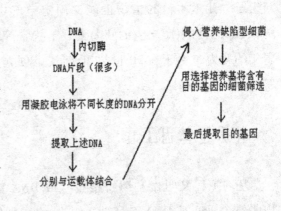

基因工程

具有了抗病虫害和抗除草剂的能力。在美国，大约有一半的大豆和四分之一的玉米都是转基因的。

虽然，目前仍有许多基因的功能及其协同工作的方式不为人类所知，但想到利用基因工程可使番茄具有抗癌作用、使鲑鱼长得比自然界中的大

几倍、使宠物不再会引起过敏，许多人便希望也可以对人类基因做类似的修改。毕竟，胚胎遗传病筛查、基因修复和基因工程等技术不仅可用于治疗疾病，也为改变诸如眼睛的颜色、智力等其他人类特性提供了可能。目前我们还远不能设计定做我们的后代，但已有借助胚胎遗传病筛查技术培育人们需求的身体特性的例子。比如，运用此技术，可使患儿的父母生一个和患儿骨髓匹配的孩子，然后再通过骨髓移植来治愈患儿。

随着 DNA 的内部结构和遗传机制的秘密一点一点呈现在人们眼前，特别是当人们了解到遗传密码是由 RNA 转录表达以后，生物学家不再仅仅满足于探索、提示生物遗传的秘密，而是开始跃跃欲试，设想在分子的水平上去干预生物的遗传特性。如果将一种生物的 DNA 中的某个遗传密码片断连接到另外一种生物的 DNA 链上去，将 DNA 重新

鲑　鱼

组织一下，就可以按照人类的愿望，设计出新的遗传物质并创造出新的生物类型，这与过去培育生物繁殖后代的传统做法完全不同。这种做法就像技术科学的工程设计，按照人类的需要把这种生物的这个"基因"与那种生物的那个"基因"重新"施工"，"组装"成新的基因组合，创造出新的生物。这种完全按照人的意愿，由重新组装基因到新生物产生的生物科学技术，就称为"基因工程"，或者说是"遗传工程"。

基因工程操作的工具

用什么样的工具才能准确无误地对基因进行剪切和拼接呢？这是从事基因工程研究的科学家首先遇到的难题。例如，通过基因工程培育抗虫棉时，就需要将抗虫的基因从某种生物（如苏云金芽孢杆菌）中提取出来，"放入"棉的细胞中，与棉细胞中的 DNA 结合起来，在棉中发挥作用。这里遇到的难题主要有两个：首先是苏云金芽孢杆菌的一个 DNA 分子有许多基因，怎样从它的 DNA 分子的长链上辨别出所需要的基因，并且把它切割下来；其次是如何将切割下来的抗虫基因与棉的 DNA "缝合"起来。为了突破这些难关，科学家进行了许多试验，最后他们发现了一种"基因剪刀"和"基因针线"，可以用来完成基因的剪切和拼接。

基因的剪刀——限制性内切酶。基因的剪刀指的是 DNA 限制性内切酶（以下简称限制酶）。限制酶主要存在于微生物中。一种限制酶只能识别一种特定的核苷酸序列，并且能在特定的切点上切割 DNA 分子。例如，从大肠杆菌中发现的一种限制酶只能识别 GAATTC 序列，并在 G 和 A 之间将这段序列切开。目前已经发现了二百多种限制酶，它们的切点各不相同。苏云金芽孢杆菌中的抗虫基因，就能被某种限制酶切割下来。

基因的针线——DNA 连接酶。我们知道，被限制酶切开的 DNA 两条单链的切口，带有几个伸出的核苷酸，它们之间正好互补配对，这样的切口叫做黏性末端。可以设想，如果把两种来源不同的 DNA 用同一种限制酶来切割，然后让两者的黏性末端黏合起来，似乎就可以合成重组的 DNA 分子了。但是，实际上仅仅这样做是不够的，互补的碱基处虽然连接起来，但是，这种连接只相当于把断成两截的梯子中间的踏板连接起来，两边的扶手的断口处还没有连接起来。要把扶手的断口处连接起来，也就是把两条 DNA 末端之间的缝隙"缝合"起来，还要靠另一种极其重要的工具——DNA 连接酶。

基因的运输工具——运载体。要将一个外源基因，如上面所说的抗虫

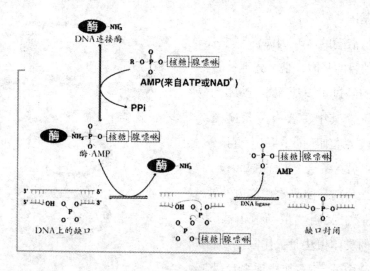

DNA 连接酶

基因，送入受体细胞，如棉细胞，还需要有运输工具，这就是运载体。作为运载体的物质必须具备以下条件：能够在宿主细胞中复制并稳定地保存；具有多个限制酶切点，以便与外源基因连接；具有某些标记基因，便于进行筛选。目前，符合上述条件并经常使用的运载体有质粒、噬菌体和动植物病毒等。质粒是基因工程最常用的运载体，它广泛地存在于细菌中，是细菌染色体外能够自主复制的很小的环状 DNA 分子，大小只有普通细菌染色体 DNA 的百分之一。质粒能够"友好"地"借居"在宿主细胞中。一般来说，质粒的存在与否对宿主细胞生存没有决定性的作用。但是，质粒的复制则只能在宿主细胞内完成。大肠杆菌、枯草杆菌、土壤农杆菌等细菌中都有质粒。因为土壤农杆菌很容易感染植物细胞，所以科学家培育转基因植物时，常常用土壤农杆菌中的质粒做运载体。

基因工程的基本操作步骤

获取目的基因是实施基因工程的第一步。如植物的抗病（抗病毒、抗细菌）基因，种子的贮藏蛋白基因以及人的胰岛素基因、干扰素基因等，都是目的基因。

要从浩瀚的"基因海洋"中获得特定的目的基因，是十分不易的。科学家们经过不懈地探索，想出了许多办法。其中主要有两条途径：一条是从供体细胞的 DNA 中直接分离基因；另一条是人工合成基因。

直接分离基因最常用的方法是"鸟枪法"，又叫"散弹射击法"。鸟枪法的具体做法是：用限制酶将供体细胞中的 DNA 切成许多片段，将这些片段分别载入运载体，然后通过运载体分别转入不同的受体细胞，让供体细胞提供的 DNA（即外源 DNA）的所有片段分别在各个受体细胞中大量复制（在遗传学

质　粒

中叫做扩增），从中找出含有目的基因的细胞，再用一定的方法把带有目的基因的 DNA 片段分离出来。如许多抗虫抗病毒的基因都可以用上述方法获得。

用鸟枪法获得目的基因的优点是操作简便，缺点是工作量大，具有一定的盲目性。又由于真核细胞的基因含有不表达的 DNA 片段，因此，一般使用人工合成的方法。

目前人工合成基因的途径主要有两条：一条途径是以目的基因转录成的信使 RNA 为模版，反转录成互补的单链 DNA，然后在酶的作用下合成双链 DNA，从而获得所需要的基因；另一条途径是根据已知的蛋白质的氨基酸序列，推测出相应的信使 RNA 序列，然后按照碱基互补配对的原则，推测出它的基因的核苷酸序列，再通过化学方法，以单核苷酸为原料合成目的基因。如人的血红蛋白基因胰岛素基因等就可以通过人工合成基因的方法获得。

40

基因表达载体的构建（即目的基因与运载体结合），是实施基因工程的第二步，也是基因工程的核心。将目的基因与运载体结合的过程，实际上是不同来源的 DNA 重新组合的过程。如果以质粒作为运载体，首先要用一定的限制酶切割质粒，使质粒出现一个缺口，露出黏性末端。然后用同一种限制酶切断目的基因，使其产生相同的黏性末端。将切下的目的基因的片段插入质粒的切口处，再加入适量 DNA 连接酶，质粒的黏性末端与目的基因 DNA 片段的黏性末端就会因碱基互补配对而结合，形成一个重组 DNA 分子。如人的胰岛素基因就是通过这种方法与大肠杆菌中的质粒 DNA 分子结合，形成重组 DNA 分子（也叫重组质粒）的。

将目的基因导入受体细胞是实施基因工程的第三步。目的基因的片段与运载体在生物体外连接形成重组 DNA 分子后，下一步是将重组 DNA 分子引入受体细胞中进行扩增。

基因工程中常用的受体细胞有大肠杆菌、枯草杆菌、土壤农杆菌、酵母菌和动植物细胞等。

用人工方法使体外重组的 DNA 分子转移到受体细胞，主要是借鉴细菌或病毒侵染细胞的途径。例如，如果运载体是质粒，受体细胞是细菌，一般是将细菌用氯化钙处理，以增大细菌细胞壁的通透性，使含有目的基因的重组质粒进入受体细胞。目的基因导入受体细胞后，就可以随着受体细胞的繁殖而复制，由于细菌的繁殖速度非常快，在很短的时间内就能够获得大量的目的基因。

目的基因导入受体细胞后，是否可以稳定维持和表达其遗传特性，只有通过检测与鉴定才能知道。这是基因工程的第四步工作。

以上步骤完成后，在全部的受体细胞中，真正能够摄入重组 DNA 分子的受体细胞是很少的。因此，必须通过一定的手段对受体细胞中是否导入了目的基因进行检测。检测的方法有很多种，例如，大肠杆菌的某种质粒具有青霉素抗性基因，当这种质粒与外源 DNA 组合在一起形成重组质粒，并被转入受体细胞后，就可以根据受体细胞是否具有青霉素抗性来判断受体细胞是否获得了目的基因。重组 DNA 分子进入受体细胞后，受体细胞必须表现出特定的性状，才能说明目的基因完成了表达过程。

各国的基因研究

让我们看一下世界各国的基因科学研究状况。

英国：早在 20 世纪 80 年代中期，英国就有了第一家生物科技企业，是欧洲国家中发展最早的。如今它已拥有 560 家生物技术公司，欧洲 70 家上市的生物技术公司中，英国占了一半。

德国：德国政府认识到，生物科技将是保持德国未来经济竞争力的关键，于是在 1993 年通过立法，简化生物技术企业的审批手续，并且拨款 1.5 亿马克，成立了 3 个生物技术研究中心。此外，政府还计划斥巨资 12 亿马克，用于人类基因组计划的研究。1999 年德国研究人员申请的生物技术专利已经占到了欧洲的 14%。

法国：法国政府在过去十年中用于生物技术的资金已经增加了十几倍，其中最典型的项目就是 1998 年在巴黎附近成立的号称"基因谷"的科技园区，这里聚集着法国最有潜力的新兴生物技术公司。另外 20 个法国城市也准备仿照"基因谷"建立自己的生物科技园区。

西班牙：马尔制药公司是该国生物科技企业的代表，该公司专门从海洋生物中寻找抗癌物质。其中最具开发价值的是 ET－743，这是一种从加勒比海和地中海的海底喷出物中提取的红色抗癌药物。ET－743 计划于 2002 年在欧洲注册生产，将用于治疗骨癌、皮肤癌、卵巢癌、乳腺癌等多种常见癌症。

印度：印度政府资助全国 50 多家研究中心来收集人类基因组数据。由于独特的"种姓制度"和一些偏僻部落的内部通婚习俗，印度人口的基因库是全世界保存得最完整的，这对于科学家寻找遗传疾病的病理和治疗方法来说是个非常宝贵的资料库。但印度的私营生物技术企业还处于起步阶段。

新加坡：新加坡宣布了一项耗资 6000 万美元的基因技术研究项目，研究疾病如何对亚洲人和白种人产生不同影响。该计划重点分析基因差异以及什么样的治疗方法对亚洲人管用，以最终获得用于确定和治疗疾病的新知识；并设立高技术公司来制造这一研究所衍生出的药物和医疗产品。

中国：由深圳华大基因研究院与西南大学合作的研究成果"40 个基因组的重测序揭示了蚕的驯化事件及驯化相关基因"在国际著名学术杂志上发表。本研究共获得了 40 个家蚕突变品系和中国野桑蚕的全基因组序列，是多细胞真核生物大规模重测序研究的首次报道，共获得 632.5 亿对碱基序列，覆盖了 99.8% 的基因组区域；绘制完成了世界上第一张基因组水平上的蚕类单碱基遗传变异图谱，是世界上首次报道的昆虫基因组变异图；从全基因组水平上揭示了家蚕的起源进化；发现了驯化对家蚕生物学影响的基因组印记。

转基因技术

转基因的历史与现状

1983 年，世界上第一例转基因植物——一种含有抗生素药类抗体的烟草在美国成功培植。当时有人惊叹："人类开始有了一双创造新生物的'上帝之手'。"随后，"转基因"一词逐渐成为人们关注的焦点。随着转基因技术的问世，1993 年，世界上第一种转基因食品——转基因晚熟西红柿正式投放美国市场。这种西红柿耐存储的特性使其货架寿命大大延长。此后，抗虫棉花和玉米、抗除草剂大豆和油菜等十余种转基因植物获准商品化生产并上市销售。二十多年来，转基因作物种植面积迅速扩大，转基因作物种类急剧增加。1996 年，世界转基因作物种植总面积仅为 170 万公顷，1998 年达到 3000 万公顷，已涉及 60 多种植物。据国际转基因技术推广组织发布的数据，2002 年全球转基因农作物种植面积已扩大到 5870 万公顷。转基因作物的累计种植面积持续增加，2008 年全球累计达到 8 亿公顷，转基因作物种植国的数量激增到了 25 个。其中，种植面积排名前三位的国家分别为：美国（6250 万公顷）、阿根廷（2100 万公顷）和巴西（1580 万公顷）。中国全国生物技术作物种植面积达 380 万公顷，在全球生物技术作物种植面积超过 100 万公顷的八个国家中排名第六。同时，转基因作物的品种也不断增加。玻利维亚首次种植转基因大豆，巴西首次种植转基因玉米，而澳大利亚首次开始种植转基因油籽，美国和加拿大则开始种植新的转基因作物——转基因甜菜。中国种植的转基因作物包括棉花、番茄、杨树、牵牛花、抗病毒木瓜和甜椒。预计到 2015 年，种植转基因作物的国家将达到甚至超过 40 个。

被商品化的主要转基因作物有大豆、棉花、油菜、玉米四类，主要用于生产动物饲料、炼制植物油、制药等。其中大豆已被广泛用于食品生产。1998 年，这四种转基因作物的种植面积占全球转基因作物种植总面积的 99%。其他转基因作物还包括烟草、番木瓜、土豆、西红柿、亚麻、向日葵、香蕉和瓜菜类等。从性能上区别，转基因作物也分为四类：一是可抵御害虫侵害、减少杀虫剂使用的作物；二是抗除草剂作物；三是抗疾病作物；四是营养增强性作物。

抗虫棉花

油 菜

向日葵

香蕉

转基因食品

"转基因食品"如今已经在世界上多个国家成了环境和健康的中心议题。并且，它还在迅速分裂着大众的思想阵营：赞同它的人认为科技的进步能大大提高我们的生活水平，而畏惧它的人则认为科学的实践已经走得"太快"了。

那么，什么是"转基因食品"呢？

转基因食品，就是指科学家在实验室中，把动植物的基因加以改变，再制造出具备新特征的食品种类。许多人已经知道，所有生物的DNA上都写有遗传基因，它们是建构和维持生命的化学信息。通过修改基因，科学家们就能够改变一个有机体的部分或全部特征。不过，到目前为止，这种技术仍然处于起步阶段，并且没有一种含有从其它动植物上种植基因的食物。同时许多人坚持认为，这种技术培育出来的食物是"不自然的"。1983年世界上第一种基因移植作物是一种含有抗生素药类抗体的烟草得以培植出来。过了十年，第一种市场化的基因食物才在美国出现，它就是可以延迟成熟的番茄作物。一直到1996年，由这种番茄食品制造的番茄饼，才得以允许在超市出售。

为什么一些人认为转基因食品或许对人类健康有害呢？批评转基因技术者认为，目前我们对基因的活动方式了解还不够透彻。我们没有十足的把握控制基因调整后的结果。他们担心突然的改变会导致有毒物体的产生，或激发过敏现象。另外还有人批评科学家所使用的 DNA 会取自一些携带病毒和细菌的动植物，这可能引发许多不知名的疾病。

但只要我们趋利避害，运用基因工程技术，不但可以培养优质、高产、抗性好的农作物及畜、禽新品种，还可以培养出具有特殊用途的动、植物。

转基因食品的类型

世界上第一种转基因食品是 1993 年投放美国市场的西红柿。至今才短短十几年，动物来源的、植物来源的和微生物来源的转基因食品发展非常迅速，各种类型转的基因食品应运而生。尽管至今尚无人给转基因食品进行分类，但按惯例，按转基因的功能是可以对其分类的。到目前为止，大致可以分成以下几种类型：

增产型。农作物增产与其生长分化、肥料、抗逆、抗虫害等因素密切相关，故可通过转移或修饰相关的基因达到增产效果，如转黄瓜抗青枯病基因的马铃薯。

西红柿

控熟型。通过转移或修饰与控制成熟期有关的基因可以使转基因生物成熟期延迟或提前，以适应市场需求。最典型的例子是使成熟速度慢，不易腐烂，好贮存。如转鱼抗寒基因的番茄。

高营养型。许多粮食作物缺少人体必需的氨基酸，为了改变这种状况，可以从改造种子贮藏蛋白质基因入手，使其表达的蛋白质具有合理的氨基酸组成。现已培育成功的有转基因玉米、土豆和菜豆等。

保健型。通过将病原体抗原基因或毒素基因转移至粮食作物或果树中，人们吃了这些粮食和水果，相当于在补充营养的同时服用了疫苗，起到预防疾病的作用。有的转基因食物可防止动脉粥样硬化和骨质疏松。一些防病因子也可由转基因牛羊奶得到，如导入贮藏蛋白基因的超级羊和超级小鼠。

新品种型。通过不同品种间的基因重组可形成新品种，由其获得的转基因食品可能在品质、口味和色香方面具有新的特点。

大　豆

转基因食品的喜与忧

人类利用转基因技术，如今已经能够改变许多动植物的基因构成蓝图，从而深深改变了医学和应用科学的发展进程。因此许多人会认为，基因工程可以也一定会给人类带来福音。然而具体到转基因食品上，基因食品的前景到底有多大？要确切而详尽地回答这个问题很不容易。不过如今人类享用的任何一种生物，或多或少都已经经过"基因修整"。我们每天所食用的任何一种东西，都大大有别于它们先前的"自然存在"。

近十几年，科学家们已经能够从许多特定的生物细胞内分离、转移和修改基因，这确实是一场影响深远的革命。人类历史上第一次具备了这样的能力：精确、细致地控制任何生物的生长过程。比如：我们可以从在极地生活的鱼类中提取抵御严寒的基因，再把它们插入到草莓中去，让草莓也能在极寒的地区生存。但是，人们在改变一种植物、或一种动物的基因结构时，是否真的能够确保新生物的安全性呢？我们无法确定，在基因技术的那一头，会不会潜伏着"异形"一样的怪物。所以在享受新科技带来的惊喜时，我们必须时时刻刻牢记：不要被手中掌握的改变基因的权利腐蚀，我们所能做的其实只是很粗糙、很原始的一小部分。数十亿年来，大自然已经替我们完成了大部分"生命的奇迹"。

前些年，英国首相布莱尔曾表示对转基因食品的安全性充满信心，但公众对转基因食品表示强烈抗议。事隔一年，他在《星期日独立报》上发表文章：毫无疑问，转基因食品对人类安全和生态多样性方面具有潜在危害，因此，政府要将保护公众和环境作为优先考虑的首要问题。

但他同时强调，转基因技术也可为人类带来益处。生物技术为人类带来的益处在一些相关领域，如生产拯救人类生命的药品等方面已为人们所认识；转基因作物同样对人类具有益处，如可提高作物产量，帮助人们解决饥饿问题，培育出能在恶劣环境下生长并可抗御病虫害的作物新品种等。

他说，正因为转基因食品对人们具有潜在的好处，所以，英国才不关闭对其进一步研究的大门；也正因为它对人类具有潜在危害，所以政府在处理这一问题时才十分慎重。他指出，政府已意识到人们对转基因作物可能对环境和野生动植物产生的影响表示担忧，因此对转基因食品实行了严格的检验。只有在对它们的安全性作出正确判断后，转基因作物才有可能在英国投入商业种植。

但是，在人们对转基因食品怀有乐观的前景的同时，也有深深的忧虑。

首先是毒性问题。一些研究学者认为，对于基因的人工提炼和添加，可能在达到某些人们想达到的效果的同时，也增加和积聚了食物中原有的微量毒素。

其次是过敏反应问题。对于一种食物过敏的人有时还会对一种以前他们不过敏的食物产生过敏。比如：科学家将玉米的某一段基因加入到核桃、小麦和贝类动物的基因中，蛋白质也随基因加了进去，那么，以前吃玉米过敏的人就可能对这些核桃、小麦和贝类食品过敏。

第三是营养问题。科学家们认为外来基因会以一种人们目前还不甚了解的方式破坏食物中的营养成分。

第四是对抗生素的抵抗作用。当科学家把一个外来基因加入到植物或细菌中去，这个基因会与别的基因连接在一起。人们在服用了这种改良食物后，食物会在人体内将抗药性基因传给致病的细菌，使人体产生抗药性。

第五是对环境的威胁。在许多基因改良品种中包含有从杆菌中提取出来的细菌基因，这种基因会产生一种对昆虫和害虫有毒的蛋白质。在一次实验室研究中，一种蝴蝶的幼虫在吃了含杆菌基因的马利筋属植物的花粉之后，产生了死亡或不正常发育的现象，这引起了生态学家们的另一种担心，那些不在改良范围之内的其它物种有可能成为改良物种的受害者。

玉　米

最后，生物学家们担心为了培养一些更具优良特性的农作物，比如说具有更强的抗病虫害能力和抗旱能力等，而对农作物进行的改良，其特性很可能会通过花粉等媒介传播给野生物种。

转基因食品安全性的提出是在1998年，英国阿伯丁罗特研究所普庇泰教授对转基因食品安全性表示质疑，他的研究报道，幼鼠食用转基因土豆后，会使内脏和免疫系统受损，这是对转基因食品提出了最早的，所谓科学证据的质疑。虽然1999年5月英国皇家学会宣布此项研究没有任何有力的证据，但它还是在全世界范围内引发了对转基因食品安全性的讨论。

转基因作物大面积种植已有多年，食用转基因食品的人群超过10亿，至今没有转基因食品的不安全的实例。转基因食品的安全性的长期效应由此可见一斑。因此，对待转基因食品安全性的长期效应问题，应该有一个科学的态度，应坚持安全性的实质等同原则。现在我国已培育出了一批转基因农作物品种，有些已经做了多年的田间实验，产业化条件已经成熟，应该不失时机地进一步推进产业化，以满足我国人民日益增长的消费需求。

神奇基因工程分析术

破解生物的遗传密码，在很多领域都有深远的应用价值。利用生物的DNA及基因信息，不仅可以打击犯罪、维护社会正义，而且还可以梳理不同生物间的关系。基因信息还可充当"过去时代的信使"，帮助古人类学家寻根问祖，探索人类的源头。

亲子鉴定

1999年3月12日，在北京打工的曾凡彬被人骗出屋后，几名犯罪分子持刀闯入曾家抢走其子曾超。后经公安人员侦察，终将被卖到外地的曾超解救回京。孩子被解救回来后，体貌特征已经发生了很大变化。打拐办民警带曾超到北京市公安局法医中心DNA实验室抽取血液进行DNA检测，并在全国丢失儿童父母DNA数据库中上网比对，确认了曾超的DNA曾凡彬夫妇DNA特征完全吻合，曾超得以回到父母身边。

皇室之谜

法国国王路易十六的儿子路易·夏尔究竟是在1795年死于巴黎一座监狱，还是逃过了法国大革命的追捕一直是一个谜。有人怀疑路易·夏尔的坟墓里躺的只是个替死鬼。1999年12月，科学家对墓地中不能确定的少年君主进行鉴定，并将其DNA结构与健在和已故的皇室成员的DNA样品进行了对比，结果证明死者就是路易·夏尔，并分析出死因是结核病。

真假公主

十月革命后，苏联官方宣布沙皇一家于1918年7月19日被枪决。但一些历史学家怀疑沙皇幼女安娜丝塔西娅公主可能逃过一死。从此，不断有人声称自己就是安娜丝塔西娅公主，特别是其中一位移居美国的妇女甚至取得了沙皇亲属的信任。科学家最终又求助于DNA分析法，他们找到了沙皇本人理发留下的头发提取了 DNA，同时找到那名妇女留下的组织片段，对比后发现这名妇女是个"冒牌货"。

调查走私

2000 年 5 月，德国警察在一家工厂发现 560 万支走私香烟，但除了发现现场还有一些空酒瓶和烟蒂之外，没有任何走私者线索。不久后，警察在这家工厂附近抓获了三名形迹可疑的人，这三人不承认是走私者。但警方对犯罪现场酒瓶和烟蒂上唾液 DNA 检测表明：那些东西就是这三人留下的。这三人不得不承认了自己的罪行。

鉴别文物

新西兰艺术品商人托尼·马丁为证明其获得的法国 19 世纪印象派画家高更的一些作品是真品四处奔走，后来一个发现使马丁兴奋不已。他发现这些作品中有一副油画上粘着 4 根毛发，这些毛发很可能就是高更本人的，由此，马丁决定将这些毛发与高更的曾孙女玛利亚的头发进行 DNA 测试，以验证他的观点，结果测试证明了他的猜想。

探索起源

中国医学科学院医学生物学所所长、课题主持人褚嘉佑等人利用微卫星探针系统，研究了遍及中国的 28 个群体以及五大洲民族群体间的遗传关系后发现：现代亚洲人基因遗传物质的原始成分与非洲人类相同。基因分析表明：非洲人进入中国大陆后，可能是由于长江天堑阻断，只有少数人到了北方，因此北方人之间的差异较南方人小得多。对此持不同看法的科学家认为：基因检测推断人类起源只是看问题的一个角度，它只能提供间接的证据，仍然属于推测。

基因工程与环境保护

随着科技的发展，人类在为自己生产出越来越多的生活资料的同时，也向大自然排放了越来越多的有害、难降解物质。例如农药、化肥等，这些物质正严重破坏着环境和危害着人类的身体健康。因此，有意识地利用生物界中存在的净化能力进行生物治理，已渐渐成为环境治理的主要手段。利用基因工程技术提高微生物净化环境的能力是现代生物技术用于环境治理的一项关键技术。

基因工程做成的 DNA 探针能够十分灵敏地检测环境中的病毒、细菌等污染物。

利用基因工程培育的指示生物能十分灵敏地反映环境污染的情况，却不易因环境污染而大量死亡，甚至还可以吸收和转化污染物。

基因工程做成的"超级细菌"能吞食和分解多种污染环境的物质。例如，通常一种细菌只能分解石油中的一种烃类，用基因工程培育成功的"超级细菌"却能分解石油中的多种烃类化合物。有的还能吞食转化汞、镉等重金属，分解 DDT 等毒害物质。

白色污染的消除。废弃塑料和农用地膜经久不化解，是造成环境污染的重要原因。据估计，我国土壤、沟河中塑料垃圾有百万吨左右。塑料在土壤中残存会引起农作物减产，若再连续使用而不采取措施，十几年后不少耕地将颗粒无收。可见，数量巨大的塑料垃圾严重影响着生态环境，研究和开发生物可降解塑料已迫在眉睫。利用生物工程技术一方面可以广泛地分离筛选能够降解塑料和农膜的优势微生物、构建高效降解菌，另一方面可以分离克隆降解基因并将该基因导入某一土壤微生物（如：根瘤菌）中，使两者同时发挥各自的作用，将塑料和农膜迅速降解。同时，还需大力推行可降解塑料和地膜的研发、生产和应用。

化学农药污染的消除。一般情况下，使用的化学杀虫剂约 80% 会残留在土壤中，特别是氯代烃类农药是最难分解的，对生态系统造成滞留毒害作用。因此，多年来人们一直在寻找更为安全有效的办法，而利用微生物降解农药已成为消除农药对环境污染的一个重要方法。能降解农药的微生物，有的是通过矿化作用将农药逐渐分解成终产物 CO_2 和 H_2O，这种降解途径彻底，一般不会带来副作用；有的是通过共代谢作用，将农药转化为可代谢的中间产物，从而从环境中消除残留农药，这种途径的降解结果比较复杂，有正面效应也有负面效应。为了避免负面效应，就需要用基因工程的方法对已知有降解农药作用的微生物进行改造，改变其生化反应途径，以希望获得最佳的降解、除毒效果。要想彻底消除化学农药的污染，最好全面推广生物农药。

所谓生物农药是指由生物体产生的具有防止病虫害和除杂草等功能的一大类物质总称，它们多是生物体的代谢产物。主要包括微生物杀虫剂、农用抗生素制剂和微生物除草剂等。其中微生物杀虫剂得到了最广泛的研究，主要包括病毒杀虫剂、细菌杀虫剂、真菌杀虫剂、放线菌杀虫剂等，长期以来并没有得到广泛的使用。现在人们正在利用重组 DNA 技术克服其缺点来提高杀虫效果。例如，目前病毒杀虫剂的一个研究热点是杆状病毒基因工程的改造，人们正在研究将外源毒蛋白基因如编码神经毒素的基因克隆到杆状病毒中以增强杆状病毒的毒性；将能干扰害虫正常生活周期的基因如编码保幼激素酯酶的基因插入到杆状病毒基因组中，形成重组杆状病毒并使其表达出相关激素，以破坏害虫的激素平衡，干扰其正常的代谢和发育从而达到杀死害虫的目的。

基因工程与医药卫生

基因工程药品的生产。许多药品的生产是从生物组织中提取的。因受材料来源限制产量有限，所以其价格往往十分昂贵。

微生物生长迅速，容易控制，适于大规模工业化生产。若将生物合成相应药物成分的基因导入微生物细胞内，让它们产生相应的药物，不但能解决产量问题，还能大大降低生产成本。

胰岛素是治疗糖尿病的特效药，长期以来只能依靠从猪、牛等动物的胰腺中提取，100Kg 胰腺只能提取 4－5g 的胰岛素，其产量之低和价格之高可想而知。将合成的胰岛素基因导入大肠杆菌，每 2000L 培养液就能产生 100g 胰岛素。大规模工业化生产不但解决了这种比黄金还贵的药品产量问题，还使其价格降低了30% - 50%。

干扰素治疗病毒感染简直是"万能灵药"。过去从人血中提取，300L血才提取1mg，其"珍贵"程度自不用多说。基因工程人干扰素α-2b（安达芬）是我国第一个全国产业化基因工程人干扰素α-2b，具有抗病毒，抑制肿瘤细胞增生，调节人体免疫功能的作用，广泛用于病毒性疾病治疗和多种肿瘤的治疗，是当前国际公认的病毒性疾病治疗的首选药物和肿瘤生物治疗的主要药物。人造血液、白细胞介素、乙肝疫苗等通过基因工程实现工业化生产，均为解除人类的病苦，提高人类的健康水平发挥了重大的作用。

基因诊断与基因治疗。运用基因工程设计制造的"DNA探针"检测肝炎病毒等病毒感染及遗传缺陷，不但准确而且迅速。通过基因工程给患有遗传病的人体内导入正常基因可"一次性"解除病人的疾苦。重症联合免疫缺陷患者缺乏正常的人体免疫功能，只要稍被细菌或者病毒感染，就会发病死亡。这个病的机理是细胞的一个常染色体上编码腺苷酸脱氨酶（简称ADA）的基因发生了突变，可以通过基因工程的方法治疗。

基因工程将使传统中药进入新时代

在"中药与天然药物"国际研讨会上，中国专家认为，转基因药用植物或器官研究、有效次生代谢途径关键酶基因的克隆研究、中药DNA分子标记以及中药基因芯片的研究等，已成为当今中药研究的热点，并将使传统中药进入一个崭新的时代。据北京大学天然药物及仿生学药物国家重点实验室副主任果德安介绍，转基因药用植物或器官和组织研究是中国近几年中药生物技术比较活跃的领域之一。

在转基因药用植物的研究方面，中国医学科学院药用植物研究所分别通过发根农杆菌和根癌农杆菌诱导丹参形成毛状根和冠瘿瘤进而再分化形成植株，他们将其与栽培的丹参作了形态和化学成分比较研究，结果发现毛状根再生的植株叶片皱缩、节间缩短、植株矮化、须根发达等；而冠瘿组织再生的植株株形高大、根系发达、产量高。丹参酮的含量高，这对丹参的良种繁育，提高药材质量具有重要意义。

果德安说，研究中药化学成分的生物合成途径，不仅有助于这些化学成分的仿生合成，而且还可以人为地对这些化学成分的合成进行生物调控，有利于定向合成所需要的化学成分。国内有关这方面的研究已经开始起步。据了解，中国在中药研究中生物技术应用方面的研究已经渐渐兴起，有些方面如药用植物组织与细胞培养，已积累了二三十年的经验，理论和技术都相当成熟，而且在全国范围内已形成了一定的规模。其中，中药材细胞工程研究正处于鼎盛时期。

　　果德安介绍说，面对许多野生植物濒于灭绝，一些特殊环境下的植物引种困难等问题，中国科学工作者开始探索通过高等植物细胞、器官等的大量培养生产有用的次生代谢物。研究内容包括通过高产组织或细胞系的筛选与培养条件的优化和通过对次生代谢产物生物合成途径的调控等，达到降低成本及提高次生代谢产物产量的目的。

　　此外，近来利用植物悬浮培养细胞或不定根、发状根对外源化学成分进行生物转化的研究也在悄然兴起，并已取得了一定的进展。

　　不仅如此，科学工作者更加重视对次生代谢产物生物合成途径调控的研究。这些研究都取得了令人兴奋的成果，说明中国的药用植物的细胞培养已进入一个崭新的时代。

　　果德安认为，今后研究的主要方向应集中在价值大且濒危的药用植物的组织细胞培养；对次生代谢产物的产生进行调控；一些重要中药化学成分的生物转化。另外，还应该加强动物药的生物技术研究。

生产最高效药物的转基因动物

　　转基因动物是一种个体表达反应系统，代表了当今时代药物生产的最新成就，也是最复杂、最具有广阔前景的生物反应系统。就通过转基因动物家畜来生产基因药物而言，最理想的表达场所是乳腺。因为乳腺是一个外泌器官，乳汁不进入体内循环，不会影响到转基因动物本身的生理代谢反应。从转基因动物的乳汁中获取的基因产物，不但产量高、易提纯，而且表达的蛋白经过充分的修饰加工，具有稳定的生物活性，因此又称为

"动物乳腺生物反应器"。1994年中科院曾邦析发表转基因禽类输卵管生物反应器并采用蛋清蛋白基因侧翼序列构表达载体《生物技术通讯》1997年第6期，1996年在北京举办了第一届国际转基因动物学术讨论会，2007年中国国家八六三计划列入指南。用转基因牛、羊等家畜的乳腺表达人类所需蛋白基因，就相当于建一座大型制药厂。这种药物工厂显然具有投资少、效益高、无公害等优点。

从生物学的观点来看，生物机体对能量的利用和转化的效率是当今世界上任何机械装置所望尘莫及的。因此，通过转基因动物来生产药物是迄今为止人们所能想象得出的最为有效、最为先进的方法。

转基因动物的乳腺可以源源不断地提供目的基因的产生（药物蛋白质），不但产量高，而且表达的产物已经过充分修饰和加工，具有稳定的生物活性。作为生物反应器的转基因运动又可无限繁殖，故具有成本低、周期短和效益好的优点。一些由转基因家畜乳汁中分离的药物蛋白正用于临床试验。

目前，我国在转基因动物的研究领域，已获得了转基因小鼠、转基因兔、转基因鱼、转基因猪、转基因羊和转基因牛。

虽然目前通过转基因动物（家畜）——乳腺生物反应器生产的药物或珍贵蛋白尚未形成产业，但据国外经济学家预测，大约十几年后，转基因动物生产的药品就会鼎足于世界市场。那时，单是药物的年销售额就超过250亿美元（还不包括营养蛋白和其他产品），从而使转基因动物（家畜）——乳腺生物反应器产业成为最具有高额利润的新型工业。

2000年12月25日，北京三只转基因羊的问世以及在此之前各种转基因蔬菜、水稻、棉花等，使人们对转基因技术备加关注，那么转基因技术到底是一种什么样的神秘技术呢？

中国工程院院士、上海儿童医院上海医学遗传研究所所长认为，转基因动物是指通过实验方法，人工地把人们想要研究的动物或人类基因，或者是有经济价值的药物蛋白质基因，通常称为外源基因，导入动物的受精卵（或早期胚胎细胞），使之与动物本身的基因组整合在一起。这样，外源基因能随细胞的分裂而增殖，并能稳定地遗传给下一代的一类动物。

北京市顺义区三高科技农业试验示范区的北京兴绿原生物科技中心总畜牧师田雄杰先生介绍说，转基因动物和转基因羊的意义，不在于羊本身，而是它们身上产出的羊奶可以提取 α 抗胰蛋白酶，它们中的每一只都可称为一座天然基因药物制造厂，价值连城。

田雄杰先生介绍，制备转基因羊，就是将人的 α 抗胰蛋白酶基因通过显微操作注进母羊受精卵的雄性细胞核，并使之与羊本身的基因整合起来，形成一体，这种新的基因组可以稳定地遗传到出生的小羊身上。小山羊也成了人工创造的与它们母亲不同的新品系，它们的后代也将带有这种 α 抗胰蛋白酶基因。这个过程有些类似植物的嫁接术。

制备转基因动物是项复杂的工作。目前，在转基因动物研制中，外源基因与动物本身的基因组整合率低，其表达往往不理想，外源基因应有的性质得不到充分表现或不表现。实验动物如牛、羊和猪的整合率一般为1%左右。这种情况的原因可能是多方面的，首先是目的基因的问题，不同的外源基因表达水平不相同，因每个个体而异；其次是外源基因表达载体内部各个部分的组合和连接是否合理等；还有一点更重要，就是外源基因到达动物基因组内整合的位置是否合理。科学家还弄不清楚整合在哪个位置表达高，哪个位置表达低，人们还无法控制外源基因整合的位置，而只能是随机整合。因此，整合率低也就在所难免。

尽管转基因动物还有一些技术亟待解决，但是转基因动物研究所取得的巨大进展，特别是它在各个领域中的广泛应用，已经对生物医学、畜牧业和药物产业产生了深刻影响。

基因工程的危害

基因工程细菌影响土壤生物，导致植物死亡

1999 年出版的研究资料例举了基因工程微生物释放到环境中将如何导致广泛的生态破环。

当把克氏杆菌的基因工程菌株与砂土和小麦作物加入微观体中时，喂食线虫类生物的细菌和真菌数量明显增加，导致植物死亡。而加入亲本非基因工程菌株时，仅有喂食线虫类生物的细菌数量增加，而植物不会死亡。没有植物而将任何一种菌株引入土壤都不会改变线虫类群落。

克氏杆菌是一种能使乳糖发酵的常见土壤细菌。基因工程细菌被制造用来在发酵桶中产生使农业废物转换为乙醇的增强乙醇浓缩物。发酵残留物，包括基因工程细菌亦可于土壤改良。

研究证明，一些土壤生态系统中的基因工程细菌在某些条件下可长期存活，时间之长足以刺激土壤生物产生变化，影响植物生长和营养循环进程。虽然目前仍不清楚此类就地观测的程度，但是基因工程细菌引起植物死亡的发现也说明，如果使用此种土壤改良有杀伤农作物的可能。

致命基因工程鼠痘病毒偶然产生

澳大利亚研究员在研发对相对无害的鼠痘病毒基因工程时竟意外创造出可彻底消灭老鼠的杀手病毒。

研究员们将白细胞间介素 4 的基因（在身体中自然产生）插入到一种鼠痘病毒中以促进抗体的产生，并创造出用于控制鼠害的鼠类避孕疫苗。非常意外的是，插入的基因完全抑制了老鼠的免疫系统。鼠痘病毒通常仅导致轻微的症状，但加入 IL-4 基因后，该病毒 9 天内使所有动物致死。更糟的是，此种基因工程病毒对接种疫苗有着异乎寻常的抵抗力。

经改良的鼠痘病毒虽然对人类无影响，但却与天花关系十分密切，让人担心基因工程将会被用于生物战。一名研究员在谈及他们决定出版研究成果的原因时曾说："我们想警告普通民众，现在有了这种有潜在危险的技术"，"我们还想让科学界明白，必须小心行事，制造高危致命生物并不是太困难。"

基因工程农作物引发作物问题

杀虫剂使用的增加大部分是由于抗除草剂作物，尤其是抗除草剂大豆使用的杀虫剂增加，这一点可追朔到对抗除草剂作物的严重依赖性以及杂

58

草管理的单一除草剂（草甘磷）使用。这已导致转移到更加难以控制的杂草，而某些杂草中还出现了遗传抗性，迫使许多农民在基因工程作物上喷洒更多的除草剂以对杂草适当进行控制。抗除草剂大豆中的抗草甘膦杉叶藻于2000年在美国首次出现，在抗除草剂棉花中也已鉴别出此种物质。

其他研究显示，基因工程农作物本身也会对其使用的除草剂产生抗性，引发严重的自身自长作物问题（同一块地里早先种植的作物种子发芽的植物后来变成杂草）并迫使进一步使用除草剂。加拿大科学家证实了抗多种除草剂基因工程油菜的迅速演化，此种作物因花粉长距离传播而融合了不同公司研制的单价抗除草剂特性。

此外，科学家还在2002年确认了转基因可从抗虫向日葵移动到附近的野生向日葵，使杂化物更强、对化学药品更具抗性，因为较之无基因控制的情况，杂化物多了50%的种子，且种子健康，甚至在干旱条件下也如此。

北卡罗莱那州大学的研究显示，抗虫油菜与相关杂草、鸟食草之间的交叉物可产生抗虫性杂合物，使杂草控制更困难。所有这些事件使预防方法和严格的生物安全管理变得突出。预防原则在《卡塔赫纳生物安全协议》这一主要管理转基因微生物的国际法律中已得到重申。尤其是第10（6）条声称，如果缺乏科学定论，缔约方可限制或禁止转基因生物的进口，以使对生物多样性及人类健康的不利影响降到最低。

基因工程的前景

科学界预言，21世纪是一个基因工程世纪。基因工程是在分子水平对生物遗传作人为干预，要认识它，我们先从生物工程谈起。生物工程又称生物技术，是一门运用现代生命科学原理和信息及化工等技术，利用活细胞或其产生的酶来对廉价原材料进行不同程度的加工，以提供大量有用产品的综合性工程技术。

生物工程的基础是现代生命科学、技术科学和信息科学。生物工程的主要产品是为社会提供大量优质发酵产品，例如生化药物、化工原料、能源、生物防治剂以及食品和饮料，还可以为人类提供治理环境、提取金属、临床诊断、基因治疗和改良农作物品种等服务。

生物工程主要有基因工程、细胞工程、酶工程、蛋白质工程和微生物工程等五个部分。其中基因工程就是人们对生物基因进行改造，利用生物生产人们想要的特殊产品。随着 DNA 的内部结构和遗传机制的秘密一点一点呈现在人们眼前，生物学家不再仅仅满足于探索、提示生物遗传的秘密，而是开始跃跃欲试，设想在分子的水平上去干预生物的遗传特性。

人类基因工程走过的主要历程怎样呢？1866 年，奥地利遗传学家孟德尔神父发现生物的遗传基因规律；1868 年，瑞士生物学家弗里德里希发现细胞核内存有酸性和蛋白质两个部分。酸性部分就是后来的所谓的 DNA；1882 年，德国胚胎学家瓦尔特弗莱明在研究蝾螈细胞时发现细胞核内的包含有大量的分裂的线状物体，也就是后来的染色体；1944 年，美国科研人员证明 DNA 是大多数有机体的遗传原料，而不是蛋白质；1953 年，美国生化学家华森和英国物理学家克里克宣布他们发现了 DNA 的双螺旋结构，奠定了基因工程的基础；1980 年，第一只经过基因改造的老鼠诞生；1996 年，第一只克隆羊诞生；1999 年，美国科学家破解了人类第 二十二组基因排序列图；未来的计划是可以根据基因图有针对性地对有关病症下药。

人类基因组研究是一项生命科学的基础性研究。有科学家把基因组图谱看成是指路图，或化学中的元素周期表；也有科学家把基因组图谱比作字典，但不论是从哪个角度去阐释，破解人类自身基因密码，以促进人类健康、预防疾病、延长寿命，其应用前景都是极其美好的。人类十万个基因的信息以及相应的染色体位置被破译后，破译人类和动植物的基因密码，为攻克疾病和提高农作物产量开拓了广阔的前景，并将成为医学和生物制药产业知识和技术创新的源泉。

科学研究证明，一些困扰人类健康的主要疾病，例如心脑血管疾病、糖尿病、肝病、癌症等都与基因有关。依据已经破译的基因序列和功能，找出这些基因并针对相应的病变区位进行药物筛选，甚至基于已有的基因知识来设计新药，就能"有的放矢"地修补或替换这些病变的基因，从而根治顽症。基因药物将成为 21 世纪医药中的耀眼明星。基因研究不仅能够为筛选和研制新药提供基础数据，也为利用基因进行检测、预防和治疗疾病提供了可能。比如，有同样生活习惯和生活环境的人，由于具有不同基因序列，对同一种病的易感性就大不一样。明显的例子有，同为吸烟人群，有人就易患肺癌，有人则不然。医生会根据各人不同的基因序列给予因人而异的指导，使其养成科学合理的生活习惯，最大可能地预防疾病。

基因治疗

基因作为机体内的遗传单位，不仅可以决定我们的相貌、高矮，而且它的异常会不可避免地导致各种疾病的出现。某些缺陷基因可能会遗传给后代，有些则不能。基因治疗的提出最初是针对单基因缺陷的遗传疾病，目的在于由一个正常的基因来代替缺陷基因或者来补救缺陷基因的致病因素。用基因治病是把功能基因导入病人体内使之表达，并因表达产物——蛋白质发挥了功能使疾病得以治疗。基因治疗的结果就像给基因做了一次手术，治病治根，所以有人又把它形容为"分子外科"。

我们可以将基因治疗分为性细胞基因治疗和体细胞基因治疗两种类型。性细胞基因治疗是在患者的性细胞中进行操作，使其后代从此再不会得这种遗传疾病。体细胞基因治疗是当前基因治疗研究的主流。但其不足之处也很明显，它并没前改变病人已有单个或多个基因缺陷的遗传背景，以致在其后代的子孙中必然还会有人要患这一疾病。

无论哪一种基因治疗，目前都处于初期的临床试验阶段，均没有稳定的疗效和完全的安全性，这是当前基因治疗的研究现状。

可以说，在没有完全解释人类基因组的运转机制、充分了解基因调控机制和疾病的分子机理之前进行基因治疗是相当危险的。增强基因治疗的安全性，提高临床试验的严密性及合理性尤为重要。尽管基因治疗仍有许多障碍有待克服，但总的趋势是令人鼓舞的。美国食品和药物管理局于 2009 年首次批准将胚胎干细胞应用于人类疾病的治疗。美国杰龙生物医药公司获准为数位因脊柱受伤导致下肢瘫痪的患者注射人类胚胎干细胞，并于夏天开始研究其成效。正如基因治疗的奠基者们当初所预言的那样，基因治疗的出现将推动新世纪医学的革命性变化。

破译人类全部 DNA 指日可待

信息技术的发展改变了人类的生活方式，而基因工程的突破将帮助人类延年益寿。目前，一些国家人口的平均寿命已突破 80 岁，中国也突破了 70 岁。有科学家预言，随着癌症、心脑血管疾病等顽症被有效攻克，在 2020 至 2030 年间，可能出现人口平均寿命突破 100 岁的国家。到 2050 年，人类的平均寿命将达到 90 至 95 岁。

人类一直在挑战生命科学的极限。1953 年 2 月的一天，英国科学家弗朗西斯·克里克宣布：我们已经发现了生命的秘密。他发现 DNA 是一种存在于细胞核中的双螺旋分子，决定了生物的遗传。有趣的是，这位科学家是在剑桥的一家酒吧宣布了这一重大科学发现的。破译人类和动植物的基因密码，为攻克疾病和提高农作物产量开拓了广阔的前景。1987 年，美国科学家提出了"人类基因组计划"，目标是确定人类的全部遗传信息，确定人的基因在 23 对染色体上的具体位置，查清每个基因核苷酸的顺序，建立人类基因库。1999 年，人的第二十二对染色体的基因密码被破译，"人类基因组计划"迈出了成功的一步。可以预见，在今后的工作中，科学家们可能揭示人类大约五千种基因遗传病的致病基因，从而为癌症、糖尿病、心脏病、血友病等致命疾病找到基因疗法。

继 2000 年 6 月 26 日科学家公布人类基因组"工作框架图"之后，中、美、日、德、法、英等 6 国科学家和美国塞莱拉公司在 2001 年 2 月 12 日联合公布人类基因组图谱及初步分析结果。这次公布的人类基因组图谱是在原"工作框架图"的基础上，经过整理、分类和排列后得到的，它更加准确、清晰、完整。人类基因组蕴涵有人类生、老、病、死的绝大多数遗传信息，破译它将为疾病的诊断、新药物的研制和新疗法的探索带来一场革命。人类基因组图谱及初步分析结果的公布将对生命科学和生物技术的发展起到重要的推动作用。随着人类基因组研究工作的进一步深入，生命科学和生物技术将进入新的阶段。

基因工程在 20 世纪取得了很大的进展，这至少有两个有力的证明。一是转基因动植物，一是克隆技术。转基因动植物由于植入了新的基因，使得动植物具有了原先没有的全新的性状，这引起了一场农业革命。如今，转基因技术已经开始广泛应用，如抗虫西红柿、生长迅速的鲫鱼等。1997 年世界十大科技突破之首是克隆羊的诞生。这只叫"多莉"母绵羊是第一只通过无性繁殖产生的哺乳动物，它完全秉承了给予它细胞核的那只母羊的遗传基因。"克隆"一时间成为人们注目的焦点。尽管有着伦理和社会方面的忧虑，但生物技术的巨大进步使人类对未来的想象有了更广阔的空间。

人类基因组计划

现代遗传学家认为，基因是 DNA（脱氧核糖核酸）分子上具有遗传效应的特定核苷酸序列的总称，是具有遗传效应的 DNA 分子片段。基因位于染色体上，并在染色体上呈线性排列。基因不仅可以通过复制把遗传信息传递给下一代，还可以使遗传信息得到表达。

那么，什么是基因组呢？基因组就是一个物种中所有基因的整体组成。人类基因组有两层意义：遗传信息和遗传物质。要揭开生命的奥秘，就需要从整体水平研究基因的存在、基因的结构与功能、基因之间的相互关系。

为什么选择人类的基因组进行研究？因为人类是在"进化"历程上最高级的生物，对它的研究有助于认识自身、掌握生老病死规律，了解生命体生长发育的规律，认识种属之间和个体之间存在差异的起因，认识疾病产生的机制以及长寿与衰老等生命现象，为疾病的诊治提供科学依据。除测出人类基因组 DNA 的 30 亿个碱基对的序列，发现所有人类基因，找出它们在染色体上的位置，破译人类全部遗传信息外。在人类基因组计划中，还包括对五种生物基因组的研究：大肠杆菌、酵母、线虫、果蝇和小鼠，称之为人类的五种"模式生物"。

人类只有一个基因组，大约有 5 - 10 万个基因。人类基因组计划是美国科学家于 1985 年率先提出的，旨在阐明人类基因组 30 亿个碱基对的序列，发现所有人类基因并搞清其在染色体上的位置，破译人类全部遗传信息，使人类第一次在分子水平上全面地认识自我。计划于 1990 年正式启动，这一价值 30 亿美元的计划的目标是，为 30 亿个碱基对构成的人类基因组精确测序，从而最终弄清楚每种基因制造的蛋白质及其作用。随着人类基因组逐渐被破译，一张生命之图将被绘就，人们的生活也将发生巨大变化。随着我们对人类本身的了解迈上新的台阶，很多疾病的病因将被揭开，药物就会设计得更好些。

英、日、德、法等国随后积极响应，使人类基因组计划逐步演变成为一项大型国际科技合作计划。作为参与这一计划的唯一的发展中国家，我国于 1999 年跻身人类基因组计划，承担了 1% 的测序任务。

2000 年 6 月，人类基因组计划完成了人类基因组序列的"工作框架图"；2002 年 2 月又公布了人类基因组"精细图"；该计划已提前至 2001 年完成。人类基因组计划与曼哈顿原子弹计划和阿波罗登月计划并称为 20 世纪三大科学计划。

人类基因组 DNA 序列图谱完成后，鉴定基因组多态性及其单倍型，以及寻找其在生物和医学应用中的重要作用成为了人们关心的热点。人们相信，在个体间，人类基因组 DNA 序列的差异决定了个体在疾病的易感性和药物的敏感性方面的差异。通过比较大量个体基因组的差异，从遗传的角度可以阐明人类个体发生疾病的风险以及对于环境适应能力的差异。2001 年，国际人类蛋白质组组织（HUPO）正式成立，并迅即在北美、欧洲、韩国、日本成立了相应的分支机构。目前，我国也成立了相应的人类蛋白质组组织。

以研究基因功能为核心的"后基因组时代"已经来临，大规模的结构基因组、蛋白质组以及药物基因组的研究计划已经成为新的热点。其中涉及生物信息数据库及相关技术，生物信息数据的分析和开发，比较基因组学，基因分型及其与疾病的关系等等。生物信息技术已成为后基因时代的核心技术之一。

后基因组时代，给生物信息技术的发展提供了前所未有的机遇。生物信息学的发展将开拓出新的生命科学领域，使人们有可能在分子水平上更加系统地认识生命现象。

基因工程大事记

1860 至 1870 年　奥地利学者孟德尔根据豌豆杂交实验提出遗传因子概念，并总结出孟德尔遗传定律。

1909 年　丹麦植物学家和遗传学家约翰逊首次提出"基因"这一名词，用以表达孟德尔的遗传因子概念。

1944 年　3 位美国科学家分离出细菌的 DNA（脱氧核糖核酸），并发现 DNA 是携带生命遗传物质的分子。

1953 年　美国人沃森和英国人克里克通过实验提出了 DNA 分子的双螺旋模型。

1969 年　科学家成功分离出第一个基因。

1980 年　科学家首次培育出世界第一个转基因动物转基因小鼠。

1983 年　科学家首次培育出世界第一个转基因植物转基因烟草。

1988 年　K. Mullis 发明了 PCR 技术。

1990 年 10 月　被誉为生命科学"阿波罗登月计划"的国际人类基因组计划启动。

1998 年　一批科学家在美国罗克威尔组建塞莱拉遗传公司，与国际人类基因组计划展开竞争。

1998 年 12 月　一种小线虫完整基因组序列的测定工作宣告完成，这是科学家第一次绘出多细胞动物的基因组图谱。

1999 年 9 月　中国获准加入人类基因组计划，负责测定人类基因组全部序列的 1%。中国是继美、英、日、德、法之后第 6 个国际人类基因组计划参与国，也是参与这一计划的唯一发展中国家。

1999 年 12 月 1 日　国际人类基因组计划联合研究小组宣布，完整破译出人体第二十二对染色体的遗传密码。这是人类首次成功地完成人体染色体完整基因序列的测定。

2000 年 4 月 6 日　美国塞莱拉公司宣布破译出一名被实验者的完整遗传密码，但遭到不少科学家的质疑。

2000 年 4 月底　中国科学家按照国际人类基因组计划的部署，完成了 1% 人类基因组的工作框架图。

2000 年 5 月 8 日　德、日等国科学家宣布，已基本完成了人体第二十一对染色体的测序工作。

2000 年 6 月 26 日　科学家公布人类基因组工作草图，标志着人类在解读自身"生命之书"的路上迈出了重要一步。

2000 年 12 月 14 日　美英等国科学家宣布绘出拟南介基因组的完整图谱，这是人类首次全部破译出一种植物的基因序列。

2001 年 2 月 12 日　中、美、日、德、法、英六国科学家和美国塞莱拉公司联合公布人类基因组图谱及初步分析结果。科学家首次公布人类基因组草图"基因信息"。

2002 年 10 月　国际人类基因组单体型图计划启动，中国承担 10% 任务。

2003 年　人类基因组计划宣布完成。

2003 年 11 月　西南农业大学和中国科学院北京基因组研究所合作，完成了家蚕基因组"框架图"绘制工作。

2004 年 12 月　英国《柳叶刀》杂志报道，英国伦敦的医生近日用基因疗法为严重联合免疫缺陷儿童进行治疗获得成功。

2005 年 12 月　美国 NIH 启动的肿瘤基因组计划诞生，这项准备时间长达三年，耗资 1 亿美元的试点工程专门研究人类基因与癌症之间的联系。

2007 年 9 月　克雷·文特公开了他自己的基因组排列结果。

2009 年 9 月 1 日　《Science》杂志专题报道了中国科学家张亚平院士历时七年的研究成果，从基因溯源角度证实了狗起源于中国的论点。

克隆技术冲击波

什么是克隆技术

克隆是英文"clone"一词的音译，一般意译为复制或转殖，是利用生物技术由无性生殖产生与原个体有完全相同基因组之后代的过程。科学家把人工遗传操作动物繁殖的过程叫克隆，这门生物技术叫克隆技术。其本身的含义是无性繁殖，即由同一个祖先细胞分裂繁殖而形成的纯细胞系，该细胞系中每个细胞的基因彼此相同。

克隆通常是一种人工诱导的无性生殖方式或者自然的无性生殖方式（如植物）。一个克隆就是一个多细胞生物在遗传上与另外一种生物完全一样。克隆可以是自然克隆，例如由无性生殖或是由于偶然的原因产生两个遗传上完全一样的个体（就像同卵双生一样）。但是我们通常所说的克隆是指通过人类有意识的设计来产生的完全一样的复制。

克隆技术在现代生物学中被称为"生物放大技术"，它已经历了三个发展时期：第一个时期是微生物克隆，即用一个细菌很快复制出成千上万个和它一模一样的细菌，而变成一个细菌群；第二个时期是生物技术克隆，比如用遗传基因DNA克隆；第三个时期是动物克隆，即由一个细胞克隆成一个动物。克隆绵羊"多莉"由一头母羊的体细胞克隆而来，使用的便是动物克隆技术。

克隆技术的发现之旅

科学的发展既依赖于对科学问题的探索，也得益于人们美好的向往。

人们向往像鸟一样在天空自由地飞翔。在古今中外的神话故事中，都有能腾云驾雾、骑着扫帚或驾着马车遨游于蓝天的神话人物，这足以表达了人们这种倾慕飞翔的心愿。为了这一目标，古人在身上粘满羽毛，学着鸟的样子扑扇着"翅膀"作势欲飞。虽然这样的尝试都以失败而告终，但这种想飞的愿望却恰恰是飞行器发明的动力。谁能说发明飞机的莱特兄弟如果早生几百年的话不是那些在身上粘满羽毛想飞起来的人中的两个呢？

另有一些情况却是在技术成功确定之后，人们才想起：噢，我们可以用它来做这个。克隆技术无疑就是这样一种情况。

虽然在神话故事中有孙悟空抓把毫毛，叫声"变'就变出了无数的小猴子，但实际上人们几乎没有再造一个自己的愿望。我们可以孝敬父母，疼爱子女。关心我们的兄弟姐妹，但我们如何来对待和我们一模一样的人呢？我们可能会随时地放纵自己，但决不会容许有一个和自己一模一样的人来取代自己。我们现在可以奴役机器，但却无法逼迫一个一模一样的自己挥汗如雨地劳作。

人们既然没有克隆自己的欲望，那么，克隆其他生物的技术又是如何产生的呢？

克隆技术的产生是为了回答这样一个科学问题：已分化的细胞的细胞核内的遗传物质是不是发生了变化，这些变化是不是可逆？

前面已经讲过，经过许多代人的努力，人们已经知道决定生物遗传特性的信息存在于细胞核中染色体的 DNA 上，而且在细胞分裂的过程中，DNA 的数量没有发生变化。为了检验 DNA 的性质，也就是我们所说的"遗传信息书"的内容是否改变，德国科学家汉斯·施佩曼曾做了一个用婴儿头发丝将蝾螈受精卵系住的实验。他通过那个实验证实：在蝾螈胚胎发育到 16 个细胞时，这些细胞还没有发生类似于手和脑那种特异性的分化。所以，施佩曼的实验无法证明在完全分化的细胞中是否还有和受精卵中完全相同的遗传信息。

要解决这一问题，常规的实验方法已经不适用了。需要一种全新的实验技术，这就是我们现在所说的动物克隆技术——细胞核移植技术。

把已经分化的细胞核移植到没有遗传物质的卵细胞中，通过它是否能长成一个新的个体来判断遗传物质的完整性，这就是细胞核移植的设想。这个设想是施佩曼本人在 1938 年提出来的。在那时，实验技术还没有达到能自由地将细胞核换来换去的程度。因此，这一设想直到施佩曼去世也未能付诸实施。他的这一天才的设想，后来成为现代克隆技术的蓝本。

在细胞核移植工作能够完成之前，有三个技术难题必须解决：第一个是在不损伤受精卵的前提下，从受精卵中把细胞核去除，即去掉卵细胞自身带有的遗传物质；第二个是怎样才能分离得到完整的用于核移植的细胞核，也就是如何能把要克隆细胞的"遗传信息书"完整地取出来；第三个是怎样才能把提供遗传信息的细胞核移植到已经没有了核的仅含有胞质的"空的"受精卵中，给"遗传信息书"找一个家。

这些技术步骤面临的困难相当大。我们知道，细胞核位于细胞的内部，而细胞外面包有一层薄薄的细胞膜，要想不把细胞膜弄破而把细胞核去掉，与不打破蛋壳就把蛋黄取出没有什么区别。而且动物的卵细胞很小，大的也只有几个毫米。在这样小的卵上将细胞核换来换去，而又不损伤细胞其难度可想而知。正因为这些难以克服的困难，在核移植的设想提出后的许多年里，包括汉斯·施佩曼在内的许多科学家均对这一实验一愁莫展。

事情到了 20 世纪 50 年代终于出现了转机。罗伯特·布里格斯和托马斯·金利用微吸管注射的方法首次发展起这项技术。利用这项技术，布里格斯和金两个人成功地将两栖类动物美洲豹蛙的囊胚（早期胚胎发育中的一个时期，因为在胚胎中出现一个囊状空腔而得名）的细胞核移植到去掉了细胞核的卵母细胞质内。这样人工造成的胚胎可以一直发育到蝌蚪期，得到的小蝌蚪可以在水中游动，表明其功能是正常的。这是核移植技术在动物中首次取得成功。

69

罗伯特·布里格斯和托马斯·金是使克隆技术首次变为现实的伟大科学家。从汉斯·施佩曼提出这一设想到由布里格斯和金利完成这个著名的实验，其间经过了十多年的时间，饱含了许多科学家的共同努力。

在 1968 年，用两栖类动物爪蟾进行的另一项实验取得了较好的结果。英国剑桥大学的戈登教授把非洲爪蟾的未受精卵用紫外线照射，以破坏它的细胞核。再从蝌蚪中取出分化了的小肠上皮细胞，分离出它的细胞核。注入去核的未受精卵，然后进行培养。结果是：有些卵未分裂；有些卵发育一段时间变成了畸胎；但有一部分卵却完成了胚胎发育，长成了完整的爪蟾个体。

戈登的实验证明：两栖类动物即使是已完全分化的细胞也具有与未分化细胞中相同的遗传信息。分化的小肠上皮细胞从卵细胞得到的"遗传信息书"没有改变。

戈登的实验还表明：卵细胞的胞质环境对体细胞的功能起了关键性调节作用，具有使发育的生物钟拨回到起始处的能力。在卵细胞中，已分化细胞的"遗传信息书"又从第一"页"开始"阅读"了。

戈登的实验虽然获得了成功，但生产这种无性克隆蛙的成功率很低，只有 1% 左右。这表明，即使是在两栖类动物中，克隆的效率也是很低的。不仅如此，克隆两栖类动物的技术对哺乳动物并不完全适用。

我们可能看到过蛙卵，了解蛙

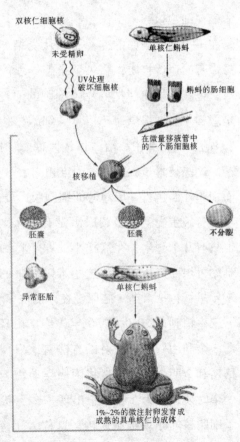

爪蟾实验

卵怎样变成小蝌蚪，小蝌蚪又怎样变成青蛙。人们即使没有看到过蛙卵，但至少看到过鱼卵，就是我们所说的鱼子。它们大的有如晶莹的小珠，小的也如小米粒大，并且都是肉眼可见的。而哺乳动物的卵子却只有几十到几百个微米大，比头发丝的直径还要小许多倍。卵中的核，那就更小了。观察它们必须借助于显微镜才能看得清。

哺乳动物与两栖类动物的另一区别在于，哺乳动物是体内受精、体内发育的动物，胎儿必须在母体的子宫中发育直到出生。即使在目前的技术水平下，人们也无法完全在体外孕育一个胎儿。我们常说的试管婴儿，非生长在试管里，而是在体外受精后最多在体外的培养液中发生几次细胞分裂，生活几天，就又移植到了母体的子宫中，并在子宫中长大直至出生。哺乳动物的这种繁殖方式，使得实验无法像在两栖类动物那样方便地在体外操作。

哺乳动物既然是体内发育的动物，这就限制了每胎的后代数目。如猪等多胎动物，一般每窝也只不过有十几只而已；而牛、羊等动物包括人，每胎一般只有一两个后代。要知道在两栖类和鱼类，一次排出的卵就有几十万个、数百万个。鳕鱼一次排出的卵有一千万个。

克隆猪

这样比较起来，哺乳动物的试验材料少而操作难度高，因此，哺乳动物克隆的研究开展得比较晚。

又是近20年的时间过去了，科学家们在细胞核移植技术方面不断地加以改进和完善，使它适用于哺乳动物的卵子。

到20世纪80年代中期，哺乳动物的细胞核移植因为其他技术领域的成果而开展起来。这些技术包括胚胎移植、胚胎体外培养、细胞融合技术等。

在1986年，人类首次成功地利用早期胚胎细胞的核无性繁殖出了绵羊。提供细胞核的不是成体动物的体细胞，而是未分化的早期胚胎细胞。用此技术、克隆出的动物不是任何一个已经存在的成体动物的复制品，而只是对胚胎的克隆。从克隆结果上看，类似于生产动物的同卵双胞胎或多胞胎。

随后，用相似的方法，科学家们相继地克隆了小鼠、猪、牛、兔、山羊和猴。在多种物种中表明了动物早期胚胎细胞生产克隆动物的巨大潜力。

克隆牛

1997年2月27日，英国科学家宣布世界上第一只由完全分化的成体动物细胞克隆出的哺乳动物——小绵羊"多莉"诞生了。这标志着克隆技术又登上了一个新的高度。

"多莉"的诞生历程

1997年2月27日，英国卢斯林研究所的科学家们突然宣布，他们在世界上首先使用体细胞成功地克隆出了一头绵羊。消息传出，世界舆论顿时哗然。有人欢呼，说这是划时代的突破；也有人惊呼，认为"克隆将成为毁灭人类的武器"。一时间，"克隆"成了新闻界、科技界，甚至平民百姓茶余饭后的热门话题。

现在，我们以克隆羊"多莉"为例，向读者简单介绍动物细胞体细胞核移植的过程和操作手法，使读者了解科学家是怎样克隆出绵羊"多莉"的。

动物细胞核移植需要有两个不同的细胞：一个未受精的卵细胞和一个供

克隆羊多莉

体细胞。细胞核移植就是用机械的办法，把供体细胞的细胞核移入另一个受体的去除了细胞核的细胞质中。在"多莉"的克隆过程中，供体细胞由取自白绵羊的体细胞经几个月的培养而成。用这种方法可获得几千个遗传上一致的细胞。卵细胞取自苏格兰黑母绵羊。

科学家首先除去卵细胞中的染色体，然后通过细胞融合，将供体细胞的核引入。再将由此而形成的新的胚胎移植到另一绵羊体内，看它能否发育成小绵羊。如果小绵羊能够产出，它们都是遗传上等同的母羊，都是白色的小绵羊。

第一步，"克隆羊"或是其他克隆哺乳动物的"制造"，首先要取得成熟的卵细胞。科学家们为了一次实验获得更多的卵，便利用一种称之为"超数排卵"技术。他们给成年母羊注射促性腺激素及人绒毛膜促性腺激素。这样在成年母羊的卵巢中一次便会有更多的卵成熟与排放。当排卵时，科学家们即可借手术取出这种成熟的卵细胞备用。

例如，牛在自然状态下每次只排1个卵，应用"超数排卵"的技术可以使母牛多产卵。这就是在母牛发情周期的第9～14天时，注射作为排卵剂的促性腺激素。接着2～3天后再注射黄体素，再过2天后母牛就会发情，并能超数排卵。原来只能排出1个成熟卵细胞的卵巢，一次就能排出十来个、甚至多达40个以上的成熟卵细胞。

要取出卵细胞是很困难的，这是因为卵细胞很小。主要由细胞核及细胞质两大部分组成，一般只在80～100微米之间。因此，科学家必须靠一种称为显微注射仪的帮

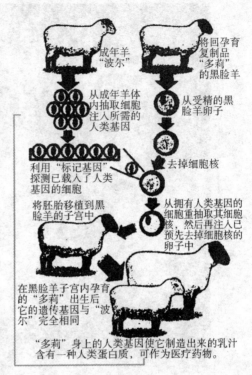

成年羊"波尔"

从成年羊体内抽取细胞注入所需的人类基因

将回孕育复制品"多莉"的黑脸羊

从受精的黑脸羊卵子

利用"标记基因"探测已载入了人类基因的细胞

去掉细胞核

将胚胎移植到黑脸羊的子宫中

从拥有人类基因的细胞重抽取其细胞核，然后再注入已预先去掉细胞核的卵子中

在黑脸羊子宫内孕育的"多莉"出生后它的遗传基因与"波尔"完全相同

"多莉"身上的人类基因使它制造出来的乳汁含有一种人类蛋白质，可作为医疗药物。

多莉诞生过程

助，在放大几十倍的条件下，用特制的极细玻璃管刺入卵内，将卵细胞核吸出。这样该卵便成为一个无核的细胞了，成为一个"空壳"，也就是说该卵已无核遗传物质了。

第二步，要进行的是"核移植"，这是最关键的一步。以往用于核移植的细胞核多为动物胚胎的细胞核。按照发育生物学的观点与实践，认为这种胚胎细胞本身是"全能性"的，意思是只要有一个这样的细胞，它便可以发育成一个完整的胚胎。譬如说，一个早期胚胎由8个细胞组成，此时若将细胞一个个地分开，它们便可发育成为8个胚胎。这表明胚胎细胞的每个细胞核本来就具有分裂与增殖的能力。为此，科学家们对用早期胚胎细胞核进行移植而产生新个体不以为奇。

"多莉"的新奇之处在于：第一，不用胚胎细胞的细胞核而使用体细胞

的细胞核进行核移植，它也照样可以分裂并发育成个体。"多莉"的出现否认了体细胞发育不具有全能性的这一传统观念。体细胞发育不具有全能性的观念认为：在自然状态下的体细胞，从胚胎细胞发育、分化而来的，其中有一部分能够分裂，如干细胞，有一部分则不能分裂，并按照一定的程序死亡。但不管是能够分裂的体细胞，还是不能分裂的体细胞，都是不可逆的，即不可能再回复到像胚胎细胞一样，重新分裂、分化，形成种种组织、器官、系统，最后形成一个完整的机体。

"多莉"的产生则说明，在一定条件下，业已经历分化过程的体细胞仍然可能"再回头"，重新获得"全能性"。对这一传统观念的突破，开辟了利用人体体细胞克隆出一个人类机体的可能性。因为，人也是一种哺乳动物，在"多莉"羊与"多莉"人之间在技术上不存在不可逾越的障碍。

第二，由于移入卵内的是体细胞，不仅含有双倍的染色体，而且由此产生的后代细胞的染色体均是该体细胞的遗传拷贝，因而由此发育而成的个体的遗传性质与核供体的亲本是一致的。另外，由于"多莉"的产生未经过精子与卵细胞结合的受精过程，属于无性繁殖，故此称为"克隆羊"，意思是"无性繁殖的羊"。该项技术的突破，有人讲可以和原子弹最初爆炸相提并论，其科学和生产应用价值巨大。

第三步，是将这种"核质融合"的卵置于体外培养，使它发育成为早期胚胎。这个培养过程和我们前两章提到的动物细胞培养的原理和方法是一致的。

第四步，是胚胎移植。将第三步培养发育成的早期胚胎移植至子宫已可接受胚胎植入的另一只母羊体内，直至羊羔出生。通常是将此早期胚胎置于37℃在10小时内进行胚胎移植，这就是把它送入养母的子宫内。在这一过程中，科学家要找一头合适的母羊，进行人工激素处理，使子宫内膜增厚，以便上述胚胎的"着床"与发育。胚胎也可保存于低温，或运往世界各地，进行胚胎移植：还可以将此胚胎暂时寄存在兔子的输卵管内，使它继续正常发育2~4天，以便再运往远方进行移植。如果胚胎暂时不准备移植，可将它置于-196℃下冻结保存，待将来移植时，把它解冻后仍能够正常发育。不过，经冻结的胚胎往往有 1/3 受到损伤。

从以上描述不难看出，克隆羊的过程步骤很多，每步不慎都可能导致失败。"多莉"的产生固然是医学生物学的一项重大突破，但仍有许多问题有待科学们去探索。

例如，卵细胞质在这种核质杂交中起什么作用？它是如何调控或刺激细胞核分裂的，即用科学家们的语言说，它是如何重新程序性地开启细胞核基因表达的？是否身体任何一种类型的体细胞，或是一个处于任何细胞周期的细胞核均可在卵细胞质中发育与分裂？既然细胞质对细胞核有一定的影响，那么"多莉"是否在各个方面只与供核亲本一致，还是有些不同？

目前，胚胎细胞核移植克隆的动物有小鼠、兔、山羊、绵羊、猪、牛和猴子等。我国除猴子以外，其他克隆动物都有，也能连续核移植克隆山羊，该技术比胚胎分割技术更进了一步，将克隆出更多的动物。因胚胎分割次数越多，每份细胞数越少，发育成个体的能力就越差。体细胞核移植克隆的动物只有一个，就是克隆羊"多莉"。

"多莉"的意义和引起的反响

如果我们给克隆技术划一条线，那么，多莉诞生以前可算是"胚胎细胞克隆"时期，多莉诞生以后才可算是"体细胞克隆"时期。

这两个时期究竟有些什么区别呢？

胚胎细胞克隆是用胚胎细胞作为供体，通过细胞核移植技术得到后代个体的，这是与多莉最大的、也是最根本的不同之处；体细胞克隆则是用体细胞作为供体，通过细胞核移植技术得到后代个体的（多莉是取自第一只芬兰多塞特绵羊的乳腺组织中的一个细胞），也就是由一个体细胞克隆而成的，这和胚胎细胞克隆具有很大的区别。从克隆技术方面来看，两者并没有特别大的差别，问题的关键是，胚胎细胞克隆出来的是后代，而体细胞克隆出来的则是被克隆者自己。

以往的遗传学理论认为，体细胞的功能是高度分化的。它只能发育成定向的组织，不可能重新发育成为一个个体。例如，乳腺细胞只能发育成乳腺组织，不可能发育成其他组织；而胚胎细胞则因处于生长发育的早期阶段，因此它具有全能性，只有等发育到一定阶段才出现功能的分化。如有些细胞变成骨细胞，有些变成肌肉细胞，有些则变成神经细胞。

当细胞分化以后，它们通常都失去了以任何其他方式发育的能力，然而，它们仍然保留着一切同样的基本遗传信息。

在多莉诞生以前，虽然科学家在做某些实验时，已经能够重新"打开"原有的一切遗传物质，使细胞能够作为一个新的整体开始发育，但是，这些实验却并不令人信服。多莉的诞生，则有可能推翻这条被科学家证明了上百年的定律，实现遗传学理论的重大突破。然而，科学研究的道路是曲折而艰难的。在没有第二、三例甚至更多的"多莉"诞生之前，多莉的"身世"至今仍有人表示怀疑。

事实说明，在1997年2月英国罗斯林研究所维尔穆特博士科研组公布体细胞克隆羊"多莉"培育成功之前，胚胎细胞核移植技术已经有了很大的发展。实际上"多莉"的克隆在核移植技术上沿袭了胚胎细胞核移植的全部过程，但这并不能降低"多莉"的重大意义，因为它是世界上第一例经体细胞核移植出生的动物，是克隆技术领域研究的巨大突破。这一巨大进展意味着：在理论上证明了，同植物细胞一样，分化了的动物细胞核也具有全能性，在分化过程中细胞核中的遗传物质没有不可逆变化；在实践上证明了，利用体细胞进行动物克隆的技术是可行的，将有无数相同的细胞可用来作为供体进行核移植，并且在与卵细胞相融合前可对这些供体细胞进行一系列复杂的遗传操作，从而为大规模复制动物优良品种和生产转基因动物提供了有效方法。

在理论上，利用同样方法，人可以复制"克隆人"。这意味着以往科幻小说中的独裁狂人克隆自己的想法是完全可以实现的。因此，"多莉"的诞生在世界各国科学界、政界乃至宗教界都引起了强烈反响，并引发了一场由克隆人所衍生的伦理道德问题的讨论。各国政府有关人士、民间纷纷作出反应：克隆人类有悖于伦理道德。尽管如此，克隆技术的巨大理论意义和实用价值促使科学家们加快了研究的步伐，从而使动物克隆技术的研究与开发进入一个高潮。

克隆羊"多莉"的诞生在全世界掀起了克隆研究热潮。随后，有关克隆动物的报道接连不断。1997年3月，即"多莉"诞生后一个月，各国的科学家分别发表了他们成功克隆猴子、猪和牛的消息。不过，他们都是采用胚胎细胞进行克隆，其意义不能与"多莉"相比。

1998年7月，美国夏威夷大学Wakayama等报道，由小鼠卵丘细胞克隆了27只成活小鼠，其中7只是由克隆小鼠再次克隆的后代，这是继"多莉"以后的第二批哺乳动物体细胞核移植后代。此外，Wakayama等人采用了与"多莉"不同的、新的、相对简单的且成功率较高的克隆技术，这一技术以该大学所在地而命名为"檀香山技术"。

美国俄勒冈州比弗顿的国家灵长类动物研究中心科学家沙乌科莱特·米塔利波夫对外宣称，他率领的研究小组利用一只10岁雄性恒河短尾猴成功克隆出胚胎，并从20个克隆胚胎中培育出两批胚胎干细胞。研究人员还在实验室从克隆胚胎中培育出成熟的猴子心脏细胞和大脑神经。此前，克隆界一直认为，克隆灵长类动物胚胎干细胞在技术上存在着不可逾越的障碍，但现在的事实表明，克隆人类并非"不可逾越"。人类距离克隆同胞是否仅"一步之遥"？克隆猴的出世已引起世界的关注。据称，在克隆猴子胚胎的试验中，科学家曾尝试将约100个克隆胚胎置入约50只恒河猴代孕母亲的子宫内，但没有能够成功地培育出任何克隆后代。米塔利波夫的研究成果已引起克隆技术界专家的关注。一些科学家认为，米塔利波夫率领的研究小组成功克隆出猴子，是克隆技术的一项突破，使克隆人类胚胎成为可能。

澳大利亚莫纳什大学教授阿伦·特拉文森对记者说："一些人认为克隆猴子或克隆人十分困难，但米塔利波夫做到了。"正因为成功克隆灵长类胚胎干细胞为克隆出人类提供了敏感的前提条件，因而引发了全球的关注。阿伦·特拉文森教授直言，"他们已经拥有了相关技术，我们现在可以转而考虑能够在克隆人的技术上再做些什么。"勒冈国家灵长类研究中心的最新研究显示，这些障碍是有缺陷的实验室技术，而非根本上的生物学障碍。

韩国科学家通过改变控制猫科动物皮肤颜色的基因，克隆出一只能在夜晚发光的"荧光猫"。研究人员说这项技术可帮助人类遗传性疾病的治疗和珍惜动物的保护。韩国顺天大学的科学家们使用母猫的皮肤细胞，对其进行基因改造，通过使用病毒使这个细胞具有荧光蛋白基因，然后将其植入移除掉细胞核的卵细胞中，卵细胞随后又被植入代孕猫的子宫。这样，四只基因改造小猫就诞生了。遗憾的是，在对母猫进行剖腹产的时候，两只小猫不幸夭折。不过依然令人惊喜的是，幸存的两只小猫生长良好，而它们的皮肤一旦暴露在紫外光下，就能发出红色光。研究人员称，这种技术可以应用于克隆那些与人类遭受同样疾病困扰的动物，也可以帮助开发干细胞治疗法。猫有250多种遗传疾病，这些疾病同时也会影响到人。科学家们认为，这一研究有助于治愈人类遗传性疾病，帮助珍惜动物的繁殖再生，比如濒临绝种的老虎。

　　据有关媒体报道，"首努比"（Snuppy）出生于2005年4月，是一只阿富汗公犬，它的名字来自韩国"首尔国立大学狗"（SeoulNationalUniversityPuppy）的缩写。首尔大学的研究团队表示，"首努比"的两位"性伴侣"是在5月14日至5月18日间产下10只狗宝宝，其中9只都健康活着。带

荧光猫

克隆狗

领研究团队的李柄千表示："狗宝宝双亲都是克隆狗，这是全世界的首例"、"这证明克隆狗有繁殖能力"。他同时指出，"嗅探犬及导盲犬经常基于训练的需要而予以绝育，但克隆狗的繁殖能力为克隆嗅探犬、导盲犬开辟了一条道路。"李柄千领导的研究团队也成功克隆出全球首见的"克隆狼"，并打算以"首努比"模式为"克隆狼"繁衍后代。据悉，"首努比"的基因不是来自卵子和精子，而是一只成年阿富汗猎犬耳朵的细胞，这种技术称为"体细胞核移植"，也是英莉"羊所用的技术。

2000 年 6 月，中国西北农林科技大学利用成年山羊体细胞克隆出两只"克隆羊"，但其中一只因呼吸系统发育不良而早夭。据介绍，所采用的克隆技术为该研究组自己研究所得，与克

克隆羊

隆"多莉"的技术完全不同，这表明我国科学家也掌握了体细胞克隆的尖端技术。

吉林农业大学农学部 2008 年 9 月 10 日公布，世界首例带有抗猪瘟病毒基因的三头"克隆猪"，于 9 月 9 日下午 17 时 40 分在吉林农业大学农学部种猪场顺利分娩，标志着人类首次培育的带有抗猪瘟病毒基因"克隆猪"获得圆满成功。问世的三头带有抗猪瘟病毒基因"克隆猪"，体重分别为1050 克、1100 克、550 克，从产后各项检测情况来看，目前各项指标保持良好。据此次带有抗猪瘟病毒基因"克隆猪"首席专家赖良学教授介绍，猪瘟是一项严重威胁养猪业的常见传染病。为了能够培育出抗猪瘟病毒猪，由赖良学教授和解放军军事医学科学院第十一所有关专家共同组成的课题组，在国家自然科学基金的资助下，经过近两年时间的协作攻关，将能抑制猪瘟病毒的基因转染到"中国实验小型猪"的胎儿成纤维细胞内，以此体细胞进行核移植制备猪克隆胚胎后，再移植到杜洛克代孕母猪体内，怀孕 114 天后顺利产出了三头健康克隆仔猪。经过对仔猪细胞进行基因检测证

抗瘟疫克隆猪

实，该"克隆猪"的细胞带有所转入的抗猪瘟病毒基因。进一步的抗病毒检测实验正在进行中。这三头"克隆猪"的诞生，标志着我国在转基因猪抗病育种研究领域达到了国际领先水平。

克隆鼠

此后，克隆鼠、克隆牛等多种克隆动物纷纷问世。

第一个克隆人在好几年的"只听楼梯响、不见人下来"之后，也终于在2002年底"据说"诞生了，但没有证据，科学界未予承认。

"多莉"之死

从秘密的出生，爆炸性的露面，到平静的死亡。其中的成功与失败，创造者自己也不很明白。这只绵羊的一切，似乎都充满象征意味。有母无父，与性无关的出生方式，抛开科学与理性去看，有点神圣的纯洁色彩。然而事实上，多莉一生所遭遇的非理性反应中，恐慌多于欢迎。纯洁的羔羊被视为瓶中放出的魔鬼，这种滑稽的反差显示了人类进步过程中始终伴随的某种自我畏惧与自我牵制。总有一些人担心人类知道得太多。尽管在另一些人看来，我们所知道的，与我们需要知道和渴望知道的相比，还显得那么微不足道。

在多莉之前，几十年失败的试验曾使人们几乎绝望地认为，高级动物的体细胞克隆或许是不可能实现的。从发育中的胚胎提取细胞，移植其细胞核，培育一个与该胚胎相同的个体，这种"克隆"相对来说并非难事。因为胚胎细胞具有很强的分化潜力，能在发育过程中分化成皮肤、血液、肌肉、神经等功能和基因特征各不相同的细胞，其中生殖功能由性细

82

胞——精子或卵子来专门承担。一个性细胞只携带一半的遗传信息，需要精子和卵子结合才能发育成新生命。一个体细胞则拥有一套完整的染色体，不需要性细胞的参与，但是，要让已经"定型"的体细胞重新开始胚胎式的发育过程，等于将细胞的生命时钟逆转到起点处，这样的体细胞克隆对哺乳动物而言究竟是否可能？

多莉是苏格兰罗斯林研究所和 PPL 医疗公司的共同作品。它的基因母亲是一种芬·多塞特品种的白绵羊，在多莉出生之前三年就已死去。苏格兰的汉纳研究所在这头母羊怀孕时提取了它的一些乳腺细胞进行冷冻保存，后来又把这些细胞提供给 PPL 公司进行克隆研究——这后来曾给多莉身份的真实性带来一些麻烦。以伊恩·维尔穆特为首的科学家在实验室中培养这些乳腺细胞，使它们在低营养状态下"挨饿"5 天左右。然后提取其细胞核，移植到去除了细胞核的苏格兰黑脸羊的卵子里。之所以使用苏格兰黑脸羊的卵子，是因为这种羊身体大部分是白的，脸却是全黑的，很容易与白绵羊区别开来。

在微电流刺激下，白绵羊的细胞核与黑脸羊的无核卵子融合到一起，开始分裂、发育，成为胚胎，植入母羊的子宫里继续发育。在 277 个成功与细胞核融合的卵子中，只有 29 个存活下来，被移植到 13 头母羊体内。移植手术后 148 天，1996 年 7 月 5 日，一只羊羔诞生了——1/277 的成功率，其他的都失败了。直到它去世的时候，克隆技术这种低得惊人的成功率，仍然没有实质性的改善。这也是科学界普遍不相信雷尔教派的克隆女婴"夏娃"身份真实性的一个原因。

维尔穆特以他喜爱的美国乡村音乐女歌手多莉·帕顿（DollyParton）的名字为自己的得意之作命名。1997 年 2 月 23 日这头羊的身份向全世界披露后，世上知道它的人恐怕比知道这位歌手的多得多。一头全白的小羊羔，依偎在生下它但与它毫无血缘关系的代育母亲——一头苏格兰黑脸羊旁边，这张著名的照片向世人显示，生物技术的新时代来临了。它是那头芬·多塞特白绵羊的翻版（准确地说，在细胞核遗传信息上是它的翻版。还有少量遗传信息存储在细胞质的线粒体内，多莉的线粒体特征与那头提供卵子

83

的苏格兰黑脸羊相同）。一时间，公众欢呼、兴奋或恐惧、茫然，弗兰肯斯坦、潘多拉的盒子和"科学是一把双刃剑"成为流行语汇。有人展望克隆优良家畜品种或大熊猫的美好前景，有人喊着克隆人或不许克隆人，有的科学家加紧克隆其他动物，还有科学家把他们培育的胚胎细胞克隆动物推出来分一点光芒，给局面平添了热闹与混乱。

1998 年 2 月，曾有科学家对多莉作为体细胞克隆动物的真实性提出质疑。在怀孕的动物体内，可能会有少量胚胎细胞沿血液循环系统到达乳腺部位，因此这些科学家提出，维尔穆特等人是否恰好碰到了一个这样的胚胎细胞，多莉是否仍然是胚胎细胞克隆的结果。汉纳研究所还保存着一些多莉的基因母亲的乳腺细胞，DNA 分析很快证明，多莉的确是体细胞克隆的产物，并不存在胚胎细胞混杂的可能性。至今，科学家对克隆过程仍有点知其然而不知其所以然的味道。为什么体细胞核与卵子融合后能够发育？有人猜测，可能是低营养环境中的挨饿状态使体细胞休眠，大多数基因关闭，从而失去了体细胞的专门特征，变得与胚胎细胞相似。不过这仅仅是猜测，并未得到证明。

克隆过程的成功率一直非常低，流产、畸形等问题较多。这是由于克隆本身的问题，还是仅仅因为技术不够成熟对 DNA 造成了伤害？人们对此还无法问答。作为第一头体细胞克隆动物，多莉的健康状况受到密切关注，因为它可能代表着其他克隆动物的命运。多莉一生的大部分时候过着优裕的明星生活，它善于应付公众场合，毫不怕人，在镜头前有着良好的风度。与公羊"戴维"交配后，多莉于 1998 年 4 月生下第一个孩子邦尼，后来又生育了两胎，一共有 6 个孩子，其中一个夭折。从生育方面来看，它与普通母羊并没有不同。在 2002 年初被发现患有关节炎之前，多莉几乎是完全健康而正常的，除了由于访客喂食太多而一度需要减肥。

1999 年 5 月，罗斯林研究所和 PPL 公司宣布，多莉的染色体端粒比同年龄的绵羊要短，引起了人们对克隆动物是否会早衰的担忧。端粒是染色体两端的一种结构，对染色体起保护作用，有点像鞋带两头起固定作用的塑料或金属扣。细胞每分裂一次，端粒就变短一点，短到一定程度，细胞就不再分裂，而启动自杀程序。端粒以及修补它的端粒酶，是近年来衰老和癌症研究中的一个热点。许多科学家认为，端粒在动物的衰老过程中可能起着重要作用。一些人担心，克隆动物的端粒注定较短，是一个不可避免的根本问题。另一些人认为，多莉的端粒较短可能是克隆过程的技术问题所致，这不一定是体细胞克隆中的普遍现象，有望随着技术的进步而消除。譬如美国科学家用克隆鼠培育克隆鼠，一共培育了 6 代（最后一代唯一的一只克隆鼠被别的实验鼠吃掉，实验被迫中止），并没有发现端粒一代一代缩短的现象。由于克隆动物数量不多，而且普遍比较年轻，因此还难以判断哪一种说法正确。端粒与衰老之间的关系究竟是什么、端粒较短是否一定导致早衰，也是尚未确定的事情，这使得问题更加复杂。克隆技术可能带来健康问题，是多莉的创造者们强烈反对克隆人的直接理由：在目前的技术水平下克隆人，对克隆出来的人太不负责任了。

2002 年 1 月，罗斯林研究所透露，多莉被发现患有关节炎。这引起了有关克隆动物健康问题的新一轮骚动。绵羊患关节炎是常见的事，但多莉患病的部位是左后腿关节，并不多见。维尔穆特说，这可能意味着现行的克隆技术效率低，但多莉患病的原因究竟是克隆过程造成的遗传缺陷，还是纯属偶然，可能永远也弄不清楚。与主张动物权利的人士的观点相反，他强调，对动物进行克隆研究不应该因此停止。相反，要进一步研究，弄清楚其中的机制。此后，罗斯林研究所限制了外界与多莉的接触。

2003 年 2 月 14 日，研究所宣布，多莉由于患进行性肺部感染（进行性疾病为症状不断恶化的疾病），被实施了安乐死。如同关节炎一样，肺部感染也是老年绵羊常见的疾病，像多莉这样长期在室内生活的羊尤其如此。但绵羊通常能活 12 年左右，六岁半的多莉可以说正当盛年，并不算老，它的肺病究竟与克隆有没有关系，又是一个难以搞清楚的问题。此前研究人员对多莉的遗体进行详细检查，科学界对此十分关注，尽管检查结果未必能对上述问题得出确切答案。维尔穆特对媒体表示，多莉之死使他"极度失望"。他提醒其他科学家要对克隆动物的健康状态作持续观察。

在几年前，罗斯林研究所已经对多莉的后事作好了安排。遗体检查完

85

毕之后，它将被做成标本，在苏格兰国家博物馆向公众展出。理论上，伦敦自然历史博物馆或科学博物馆更适合安置这只科学史上最尊贵、最著名的绵羊，但苏格兰科学们自有他们的理由："因为她是一只苏格兰羊。"

克隆之父——施佩曼

汉斯·施佩曼，德国实验胚胎学家，1869年6月27日生于斯图加特，1941年9月12日卒于弗赖堡。他中学毕业后曾一度从事出版业工作，后在海德堡慕尼黑大学攻读医学。读完医科的前期课程之后到维尔茨堡大学攻读动物学、植物学和物理学。在就学期间接受 T·H·博韦里建议，研究猪蛔虫的胚胎发育（博士论文），就此打下坚实的形态学基础。毕业后，1894～1908年在维尔茨堡大学动物研究所工作，1908～1914年任罗斯托克大学动物学教授，1914～1919年任威廉皇家生物研究所第二所长，1919～1936年任弗赖堡大学动物学教授。施佩曼毕生从事两栖类胚胎早期发育的研究。

施佩曼是最早提出克隆设想的人，可称得上是"克隆之父"。克隆技术中最关键的一步——细胞核移植技术，也是从他开始的。他将这一技术称作是一项"奇异的实验"。时间是1938年。

一天，施佩曼突发奇想：如果将一个青蛙的受精卵的中间用类似绳子那样的东西勒住，将这个受精卵分成相连的两半：一端含有细胞核，一端没有细胞核，只有细胞质。经过这样处理以后，会出现什么结果呢？我们现在已经很难猜测当时施佩曼的头脑中是如何出现这个奇怪念头的，但是奇思怪想有时却有助于科学家打开新思路，提出新见解。

施佩曼接着又想，如果经过一段时间以后，再将有细胞核一端的部分放入没有细胞核的另一端，结果又会怎样呢？经过细致地准备和精密地实验，施佩曼发现，这个细胞的两端各发育成了一只青蛙的个体。细胞一分为二，这个过程本身就是最简单的克隆。

施佩曼进而提出，如果用机械的办法把一个被称为"供体"的细胞核

86

（含有遗传物质）移入另一个被称为"受体"的去除了细胞核的细胞中，不就可以更清楚地观察到细胞的发育、分化情况了吗？这个奇异设想，其实就是"细胞核移植技术"的雏型。施佩曼证明了在两栖类动物中，受精卵分裂成八个细胞以前的胚胎细胞核，同样具有发育的全能性。

1952 年，两位美国科学家——罗伯特·布里格斯和托马斯·金发明了一种方法：用吸管从一个发育到后期的青蛙胚胎中取出细胞核，然后将其植入一个青蛙的卵子中，完成了青蛙细胞的核移植技术，将施佩曼的"奇异设想"变成了现实。可惜的是，经过核移植的这个细胞后来没有继续发育。

施佩曼的成就来自他对实验设计的周密思考，使实验结果能明确地回答所提出的问题。此外，他根据实验要求自制工具和他精巧的操作技术也起了很大作用。

施佩曼是英国剑桥大学、美国哈佛大学名誉博士以及二十多个国家的科学院的外籍院士。

多莉之父——维尔穆特

伊恩·维尔穆特，1944 年出生于英国汉普顿露西，现任英国爱丁堡大学再生医学中心主任，苏格兰爱丁堡罗斯林研究所的胚胎学家，他第一个研制出通过无性繁殖产生的新一代克隆羊。

维尔穆特在大学时代就开始研究胚胎。1973 年，他就利用冷冻胚胎的方法培养出了一头小牛。

多年来，维尔穆特一直在默默无闻地推动繁殖科学向前发展。1996 年，维尔穆特和马萨诸塞大学的基思·坎贝尔博士合作，利用发育到晚期阶段的胚胎细胞来复制羊。他们尝试对细胞采用"饥饿技术"，首先让胚胎细胞处于休眠状态，再把细胞核植入羊的卵。然后，被植入细胞核的卵发育成正常的胚胎，最后发育成羊。用这种方法，他们培育出了世界上最初的两只克隆羊"梅根"和"莫龙格"。它们的培育成功为后来培育出绵羊"多莉"奠定了基础。

　　不久，维尔穆特决定利用一只6岁成年母羊的乳腺细胞来复制羊。他领导下的研究小组从这只母羊的乳房上提取出一个乳腺细胞核，然后从另一只母羊体内取出一枚未受精的卵子，吸出卵子中的所有染色体，使之成为具有活性但失去遗传物质的卵空壳，再把乳腺细胞核注入到卵子中。卵子在实验室的试管中分裂、繁殖，并发育成胚胎。下一步的工作把胚胎移入第三只母羊子宫内进行培育。1996年7月，第三只母羊顺利产下一只小羊羔，这也是第一只源自成年动物体细胞的羊羔，这只小羊羔被取名"多莉"。

　　小羊"多莉"完全是提供细胞的"基因母羊"的复制品，而与怀胎的母羊没有相同之处。从遗传角度来说，提供细胞的母羊既是它的母亲，又是它的父亲。这就解决了长时间存在的一个世界性科学命题，证明了遗传物质在细胞生长的分化中没有发生不可逆转的改变，已经成熟或老化的细胞

多莉之父——维尔穆特

核在合适的细胞浆环境中仍可返老还童，充满生命活力。维尔穆特证实，用相同的方法也可以复制人。然而科学家一致认为复制人是人类生物技术所不应跨越的一道鸿沟。

　　1997年7月，维尔穆特的研究小组又有了新突破：通过牛羊复制人体血浆。据称，动物性复制血浆将在数月内问世，这项技术在未来每年可生产价值1500万英镑的便宜血浆，以供外科手术和输血使用。维尔穆特把整个身心都投入到克隆技术的研究之中。

　　目前，维尔穆特博士和妻子维维安正过着平静的生活，他们的三个子女都已长大成人。从他们的住处可以看到绿色的田野、正在吃草的各种家

畜。他说就他目前所能预见的未来，他希望这项生物领域的新技术能进一步用于研究那些目前尚无法治愈的基因疾病。

克隆与孪生的区别

孪生即我们平时所说的双胞胎，又叫双生。生活中孪生的实例偶尔能见到。大家对孪生的认识也基本能够从常说的一句话中体现出来，这就是形容两个人亲密无间时，会作这样的比喻，"有如孪生兄弟。"

正如世上的知己难觅，亲密的朋友难得一样，孪生也不多。大约每80～90个胎儿中才会出现一对孪生胎儿。

然而，即使是孪生兄弟也会有远近之分。说到这儿，你可能会迷惑，孪生兄弟是世上最亲的兄弟了，怎么会有远近之分呢？你说的不错，因为日常生活中你所见到的孪生都是长相极为相像，令你几乎无法辨别的双生兄弟。可是，事实上，并不是所有的孪生兄弟都会如你所见。有些孪生兄弟的长相类似一般的亲兄弟姐妹，这种情况你可能会认为她们并不是孪生。如果你所说的孪生兄弟是世界上最亲的兄弟，那么，前面所说的后者就会次之了，这也就是孪生兄弟的远近关系。

既然如此，为什么同是孪生会出现两种不同的情况呢？原因就在于前者是属于同一克隆的个体，既是由一个受精卵发育而产生的两个个体，而后者则是由两个不同的受精卵分别发育产生的个体，不属于同一克隆。前者我们称为同卵双生，后者我们则称其为异卵双生。

对于同卵双生而言，由于他（她）们属于同种克隆的个体，其遗传基因型完全相同，因而除在相貌上极其相似外，性别也一定相同。而异卵双生长相则类似于一般的兄弟姐妹，其性别也不一定相同。

下面我们具体谈一下孪生的形成过程。

同卵双生：我们知道，高等哺乳类的生殖方式为有性生殖，即由雄性配子（精子）和雌性配子（卵子）结合形成受精卵，再沿着固定的程序发育成个体。在人类，女性的一个性周期一般只有一个成熟的卵子排出。如

89

这个卵子和精子相遇受精，经过一系列的增殖，一般最终只分化形成一个新的个体。个体的发育先是由受精卵分裂成两个细胞，再依次分裂成 4 个、8 个、16 个……当分裂至 100 多个细胞时，这个细胞团便开始在母体的子宫内扎根生长。随着细胞数目的增多，细胞开始以"通讯"的方式"沟通信息"，明确分工，最后志同道合的细胞走到一起形成不同的细胞群体，执行不同的功能，从而完成一个个体的发育。在受精卵分裂的早期，如 2、8 细胞期，单独拿出每一个细胞都能形成一个新的个体，我们说这一时期的细胞具有全能性。这也正是同卵双生能够得以发生的原因。当受精卵经过一次分裂形成两个细胞时，这两个细胞是具有全能性的，即都能够单独形成一个个体。孪生胎儿在受精卵发育到这个阶段时，开始和正常受精卵的发育出现不同。分裂的两个细胞开始出现点小矛盾，每个细胞都认为自己能够"独立支撑门户"，因而各自发展自己的"事业"。确实，兄弟两个能力非凡，很快他们通过分裂的方式各产生一大群细胞，这时生存空间略显拥挤，两群细胞便同时来到母亲为他们提供的住房（子宫）。在以后的岁月里，兄弟两个各显其能，分别完成了自己各个机构的建设，最终成为功能齐全的个体。出生后才知道，谁也没有比谁更特殊，身体各个机构的形态和功能完全一样。后天生活中，在母亲慈爱的感召下，兄弟两人又同舟共济，开拓人生了。这也就是同卵双生克隆兄弟的形成过程。

双胞胎中有 25% 为同卵双生，其余的双胞胎为异卵双生。

异卵双生：前面讲过，女性的一个性周期一般只有 1 个卵子成熟而从卵巢中排出。但也有例外的情况，就是 1 个性周期可有 2 个或 2 个以上的卵子发育成熟而排出卵巢。这样如果排出的 2 个卵子都能遇到精子并受精，就会在子宫内单独完成个体的发育。由于是分别来自 2 个受精卵，个体的遗传基因型是不同的。如果不考虑年龄的大小，异卵双生个体间的差异和母体两次分别怀孕生出的胎儿是一样的。

与同卵双生不同，异卵双生的两个胚胎来自两个受精卵，因此发育是完全独立的，各自形成一套包括胎盘在内的"生活设施"。而同卵双生的胚胎发育过程不同，两个胚胎可能把这些设施当做公有财产，共同使用。

医学的研究表明，异卵双生有母系家族史，即表现为母性遗传。因此，如果你是一个女孩儿，而你的母亲或你的外祖母又有过双生历史，那么将来，你很有可能会生出一对双胞胎呢。

由于人体生理条件的限制，发生多胎的可能性很小。有统计数字表明：三胎的发生概率为万分之一，四胎则为百万分之一。这些多胎的发生可以是同卵多生，也可是异卵多生或者是二者的混合。而高等哺乳类动物的多胎生殖特性，绝大部分是由于其一个性周期能够排出多个成熟的卵子所致。而且有报道，有一次分娩七胎的现象，但都不易存活。

前面提及的胚胎分割技术，也是基于动物胚胎发育早期（受精卵早期分裂阶段）细胞的全能性这一原理。如在牛的胚胎发育到一定量细胞数目之前，每个细胞都具有全能性，可以单独发育成个体。在这一阶段进行胚胎分割，再通过胚胎移植技术将分割后的胚胎移植到母体牛的子宫，使其发育成个体。这项技术对于动物品种改良及优良性状的保持是十分必要的，这也正是在胚胎水平进行的动物克隆。因此，同卵双生或多生所提供的信息与动物克隆工作的开展的理论基础是紧密相关的。

同卵双生的相似性：同卵双生的兄弟（或姐妹），在我们一般看来，他们的相貌、性格、语言、思维等都有极其相似的方面。这也是一般人对同卵双生这种相似性所能认识到的最深程度。然而，在一个分子生物学家看来，就会深入得多了。如果排除环境因素给双生兄弟所造成的后天差别，二者个体的分子组成是完全一致的。也就是个体组成相对应的部分的细胞长相完全一样，细胞内编码遗传信息的DNA"书"在"页码"及"文字"上都是一样的。就连最细微的部分，"句子与句子"之间的间隔距离也都是一样的。

由于同卵双生属于同一克隆，因此，我们对克隆的认识也应加深一步，那就是属于克隆的个体，它们在分子水平上就会具有与同卵双生兄弟相同的特征。

说到这些，你也许不会相信，难道科学家们会在显微镜下观察到这些性质吗？不，事实上即使在显微镜下，你也无法观测到分子的结构，而分

91

子生物学家也并不总是通过显微镜来解决问题。有一个例子可以让你相信上述的事实。

我们都知道，当人体在由于器官或组织损伤造成危急生命的情况下，都需要进行器官移植手术，如在皮肤烧伤、心肾等器官功能衰竭之时。然而，并不是每个人的器官和组织都可以供这个患者使用，大多数情况下，不正确移植手术会导致极其严重的排异反应（排斥反应），即被移植的器官在极短的时间内就会从被移植个体的相应部位脱落。发生这种排异反应的缘由，便是由于提供移植器官或组织的个体的细胞的长相与接受者所在部位的细胞长相不一致，从而造成细胞之间发生相互排挤，对外来的细胞视为入侵行为，而动员免疫系统消除。即使是你的父母，一般亲生兄弟姐妹的器官也难以保证在移植后不被排斥掉。然而，如果是同卵双生的兄弟或姐妹，这种情况便好办得多。由于刚才所说过的原因，同卵孪生兄弟（姐妹）对应部分的器官、组织的细胞长相一致，即表面的分子都是一样的。在这种情况下，如果在同卵双生孪生兄弟姐妹之间进行相互的器官移植，被移植个体的细胞就不会辨认出外来的组织或器官，而认为是他们的同族得以容纳。这也就是在医学上进行器官移植之前，常常要检查组织配型的原因。

这个例子说完，你可能会对同卵双生兄弟姐妹之间的关系有更深层的认识，关键时刻还可相互救助，因而是世上最亲密的兄弟了。他们之间的相似性决不仅在相貌及性格方面。

关于同卵双生兄弟的趣事有很多报道。有一种报道称这样的孪生兄弟会有心理感应。一方在处于紧急危险环境之时，千里之外的另一个兄弟也会惴惴不安、心情焦虑。更有甚者称一方在受到物理的损伤而感觉到疼痛时，另一方在相应的损伤部位也会感觉到疼痛。关于这些，我们还无法考证其科学原理，但这说明了同卵双生兄弟间的同甘苦、共患难的亲情。

双胞胎中的同卵双生是一种自然状态下的克隆，因为他们来源于同一个受精卵，彼此的遗传信息相同，所以他们互为克隆。异卵双生不具备这种相似的遗传特性，因此他们虽然同时出生，但不能称为克隆。

试管婴儿是克隆吗

体细胞克隆技术的诞生使我们联想很多相关技术，其中之一可能便是"试管婴儿"。

你也许会认为，试管婴儿就是在一个试管里通过无性繁殖的办法来大批生产婴儿，实际上并不是这样。试管婴儿只不过是体外受精技术的一个代名词，是一种形象的说法。试管婴儿根本不是在试管里发育成个体，它还必须"借腹怀胎"。

既然如此，为什么又称试管婴儿？这种叫法有其道理：其一，试管婴儿的受精过程可在"试管"内完成，这里的"试管"也就是指体外；其二，试管婴儿技术毕竟是一个划时代的科学杰作，这样称呼它也是为了说明其开创性的成就。

那么，试管婴儿又是怎样产生的呢？要知道这个过程，我们必须对正常体内的受精过程有一个了解，因为试管婴儿的体外受精技术正是对体内受精过程的一个模拟。

正常的受精过程由两个方面的因素决定：一是精子获得穿过卵子细胞外面层层防护的能力；二是卵子获得受精后启动发育的能力。精子在雄性系统的成熟过程中伴随着一系列的有利于受精的形态结构的变化。这些特征性的结构包括：精子有一条长长尾巴，能够驱使精子向卵子的接近，为精子的前进提供能量；精子的轻装前进策略，丢掉了一些不必要的累赘，形成了小而长的流线型体型；精子内部贮存的打开卵子大门的工具——各种水解酶类。

受精的过程就像是一场精子与卵子之间展开的战役。精子为攻方，卵子为守方。精子要攻破卵子这个堡垒实在是不容易，因为卵子的外面设置了层层防护的措施：第一道防护层是卵泡细胞，它是卵子的卫兵，教科书中称它为放射冠；第二层防护是卵子的"城墙"，教科书中叫它为透明带；第三层防护便是城墙与卵子之间的一个环绕着卵子的"大峡谷"，教科书中称为卵周隙。

那么，精子是怎样攻克卵子这一堡垒的呢？首先是精子采取以多胜少的战术。进攻一个卵子就动用上亿的兵力。由于精子招募的兵力大多都是新兵，因此需要先学会打仗的本领，强化战前的意识，精子获得受精能力的过程称为获能。这一过程非常关键，如果没有，精子就会缺乏受精能力，卵子也就不会受精。一切准备就绪后，亿万大军浩浩荡荡地向卵子进军，先是将卵子的卫兵冲散，接着便到了防护墙。精子便拿出了前面所说的打开卵子大门的工具——各种水解酶。这些酶就好像炸弹一样将卵子的第二层防护——透明带炸开。经过这两关，精子已损伤无数，大部分失去了作战的能力，只有少部分还在顽强作战。最后的一关便是飞跃"大峡谷"。然而这一关却很少有精子能闯过。当精子中最勇敢的一个跃过第三道防线时，卵子的机构开始发生反应，即把卵周隙加宽，这样后面的精子再也不能靠近卵子了，被隔到了外面。剩余的这些精子由于长途的劳累和饥饿而死掉。穿过"大峡谷"——卵周隙的那个精子则与卵子结合，完成后天的个体构建。

上面就是一个正常的受精过程，重要的一点是精子的获能过程，即穿透卵子防护层的能力的获得。这也是试管婴儿体外受精必须先做到的一点。要达到这一目的，就必需在体外模拟一个和体内（女性生殖道）环境相似的场所，使精子获得作战能力，即获能。20世纪60年代初，科学家们已经能够营造体外受精的环境，使精子能够充分获能了。

精子获能任务完成后，还有另一个因素便是卵子在受精后获得发育的潜力，即成熟。否则，即便是受精了，也不能产生新的个体。

卵子在体内的成熟过程是一个非常复杂的过程，需要有多种细胞之间的相互作用才能得以完成。目前科学家已经发现，哺乳动物的卵母细胞（成熟前的卵细胞）在合适的体外环境的培养下，具有自发成熟的能力。因而，和精子获能相似，卵母细胞在体外的成熟只需选择合适的培养液和温度。

当体外条件下的精子和卵子都具备了受精和发育的潜能后，即可将二者按合适的比例混合起来，进行体外受精了。由于体外受精类似于在试管中进行，因此，人们将这项技术称为"试管婴儿技术"。应当注意的是，"试管婴儿"是一个有性繁殖的过程，只是把受精过程由体内转到体外来完成。

完成了上述的受精过程，只是完成了一半的工作。受精后的卵细胞必须具备合适的环境才能发育，这个环境也就是母体的子宫。目前，科学家还不能制造一个"人造子宫"来提供胎儿体外发育的条件。因此体外受精的卵子发育到一定阶段还必须移植回母体子宫，也就是我们前面提到的"借腹怀胎"。在合适的条件下，发育到一定阶段的胚胎也可以进行冷冻保藏，以便进行胚胎移植使用。

哺乳动物的体外受精研究发展历史已有百余年，其间大批的科学家为这一技术的发展作出了卓越的贡献。其中较为著名的科学家，就是美籍华人张明觉先生。1951年，张先生以兔为实验材料研究受精过程时发现，精子必须在雌性生殖道内停留一段时间才具有受精

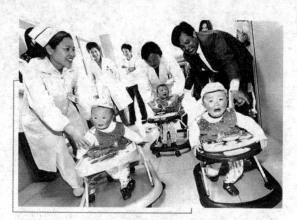

中国首例试管婴儿

的能力，也就是我们所说的精子获能过程，这为体外受精奠定了理论基础。1959年他以体外受精的方法首次获得了"试管兔"，为哺乳动物体外受精工作的开展提供了科学的依据。到目前为止，已有十余种哺乳类的试管动物降生。人类试管婴儿的培育从1978年首例试管婴儿露易斯·布朗诞生到现在，已有数百万名试管婴儿相继出现。

那么，体外受精技术为我们解决了哪些问题呢？又有什么用途呢？

首先是动物的品种改良问题。我们知道，动物品种的改良问题一直是遗传应用领域的一个大的课题。一个优良品种的获得需要几十年，甚至上

世界第一个试管婴儿

百年，要经过几代人的努力。而利用体外受精技术则可大大地缩短育种的时间。比如，你可以使一个具有优良性状品种的精子或卵母细胞通过冷冻的办法加以保存，然后进行体外受精，而生下了的"试管动物"就会具有双亲的优良性状。体外受精精子需求的总量少，单位卵子周围精子密度高，从而对于产生大量优良品种的动物提供了方便条件，大大提高了繁殖速度。由于"试管动物"生产的"借腹怀胎"的特点，其遗传特征不受母体基因控制，这样你即便是从最差的母体动物"借腹"，但只要保证胚胎的正常发育，出生的"试管动物"也会保证其优良性状。

体外受精在哺乳动物研究方面的另一个应用，是可以通过体外条件模拟来揭示动物体内配子发育、成熟、受精以及胚胎早期发育的机理。通过体内体外配子成熟条件的对比，受精过程的对比，胚胎发育模式的观察，从而得出重要的科学数据。

体外受精在人类的应用主要表现在治疗不孕症和优生两个方面。人类的不孕现象是非常常见的，这给许多家庭带来了烦恼。他们觉得没有孩子也就没有了希望，正常的家庭生活便失去了生机。伴随着体外受精技术的诞生，这些家庭又重新获得欢乐，因为他们可以拥有一个试管婴儿。尽管通过体外受精的办法治疗不孕疾病的范围还有限，但它毕竟已经开始给人类造福。

我们知道，人的不孕可以有多方面的原因，一般是来自于男性和女性双方本身。前面已经讲过，正常的受精过程需要精子和卵子的结合，这是一个生命漫长旅程的第一步。一旦精子或卵子发育出现不正常，一个婴儿的诞生也就宣告终止。大多数情况下，男性精子出现异常是常见的现象。这主要表现在精子的形态发生异常，失去了正常的受精能力。如果这类异常的精子超过精子总量的20％，就会严重地影响精子与卵子的结合，从而影响怀胎率。二十年前，这类不孕的疾病是无法治疗的。今天不同了，可以将精子与卵子从体内取出，在体外选择发育正常的精子。实施体外受精，然后在体外将受精卵培育到一定发育阶段移植到母体的子宫，就可以生出婴儿了。如果没有正常的精子，还可以把形态异常但精细胞核正常的精子，通过显微注射导入卵细胞进行受精，再重复上述过程，也可以生出试管婴儿来。

另一种情况，是母体子宫发生破损，或由于免疫反应等原因对精子排斥而导致的不孕。利用体外受精同样可以治疗这种疾病。程序是执行体外受精后，将发育的胚胎移植到代理母亲的子宫。世界上已有许多关于这种借腹怀胎的报道。

应用体外受精技术，人类还可以做到优生。利用体外受精技术和其他相关技术可以在体外受精卵移植之前，检查出受精卵的基因是否异常，将来出生的婴儿是否有遗传疾病。

虽然体外受精技术本身也是生殖生物技术的一大突破，但试管婴儿技术实质上是在体外进行的受精，也是由精卵细胞经有性过程繁育后代的，因此，它不同于克隆技术。

克隆技术引发的社会问题

由克隆技术引发的问题很多，集中表现在它与现有的社会观念的冲突上。

首先是科学技术和人类社会的冲突。从多莉的诞生，我们已知复制人是可能出现的事情。一旦克隆人诞生了，也许他在科学研究上很有价值，但他又显然会带来许多伦理问题。人如能在实验室里被"制造"出来，这将使人丧失人的尊严和人的生命感。如果更进一步思考，可能会有人将人类的成熟细胞核移植于猪、猴或其他动物的去除了染色体的卵细胞中，"制造"出人与动物的杂种，甚至还可能"制造"出人类难以控制的种种怪物，这对人类将是毁灭性的打击。

所以从整个人类社会来考虑，复制人的价值是负面的。当科学价值与社会价值发生冲突时，我们自然应当以社会价值作为衡量的标准。正如《医学伦理学学报》主编理查德·尼科尔森博士所言："从技术角度来说，这是一件令人兴奋的事情。但是，如果这项技术具有让某个疯狂的人试图复制他自己的巨大危险，又有什么价值呢？"

其次是个体与群体的冲突。如果一对夫妇带有遗传病的隐性基因，想通过无性繁殖得到"后代"；或者一对夫妇的幼儿面临死亡，而无性繁殖又能将幼儿复制出来，那么人体克隆技术对于这对夫妇来说，当然是一大福音。但是，如果这种行为一旦成为可能，难以想象会出现怎样的后果：也许，某个犯罪集团头目会利用这种技术复制一些犯罪分子去作案；也许，某些妇女会以此制造一些"后代"，从而摆脱男性，建立一个女权社会；也许，某些统治者会利用它"制造"一些智力低于人类的人，当作奴隶等等。很多现在还很难想象的事，或许就会因此而发生，从而出现难以控制的局面，危及人类整体的利益。

还有就是新问题与旧规范的冲突。人类社会发展至今，是有相对稳定的数千年历史作为积累的。在这不算太短的时间内，人类选择了适合于自己这个社会的若干规范，假如改变这些规范必然会对整个人类社会造成震荡。

例如，我们的社会是按照父母子女这样的世代概念来进行规范的。但是，复制品克隆人将打破这种世代概念，因为他们与细胞核的供体既不是亲子关系，也不是兄弟姐妹关系。如果承认他们与供体的同一性，却又存在代间的年龄差。这样，世代的概念在克隆时代将不复存在，那时人类社会将不得不再转过头去注视一些低等生物中的社会规范（如果低等生物中存在社会的话）。世代概念模糊了，那么，建立在这个基础上的法律，如继承关系等也将不复有效，社会失去平衡，造成紊乱，人类不得不为寻找新的规范而进行种种尝试。

因此，对于如克隆技术这样易于引发社会问题的科学技术，必须实行社会控制。

人的克隆——自我复制

人作为最高级的动物，在绝大多数情况下是通过有性生殖的方式来繁殖后代的。但在特殊的情况下，人类会以特殊的方式发生无性生殖的现象，这主要指"双胞胎"中的同卵双生。在这种情况下，可以说一个是另一个的无性克隆。因为受精卵经过分裂形成了两个细胞后，由于某种原因各自分离，然后每一个细胞各自发育生长为一个完整的生物体。这两个生物体，其遗传特征相同，外貌相同，性别一致。但是对于一个成体的人来说，在自然条件下决无可能再无性克隆出一个一模一样的人。

但生物技术的突破又为人类发展的答卷上增添了一道选择题，能否克隆自己？这个问题像以往生殖生物技术为人类带来困惑一样，也不是单纯用是或不是就可以回答的问题。

生物的进化始于共同祖先，由低等到高等，方向不同，进化途径不同，速度有快有慢，但无论如何都是向对生存有利的方向发展，而且一般是向复杂的方向发展。进化具有继承性和不可逆性的特点。如人的祖先曾生活在水中，曾经有鳃，也曾经有尾，虽然人已经不具备水中呼吸必需的鳃，陆上起平衡作用的尾，但人在胚胎发育过程中，出现了鳃裂和尾。人的祖先曾是吃草的，为利于消化有很长的盲肠，而在进化中植物已不再是主要的食物，因而盲肠退化，但它还保留了遗迹——阑尾，这就是进化中的继承性。而进化的过程是不可逆的，绝没有一种已进化的东西再回复到原始类型，即使有一定的回复现象，也是在更高水平上的新的类型。如哺乳动物鲸鱼的祖先是生活在水里的鱼类，它重新回到水里，但它不是鱼，而是哺乳动物，它虽有适合水生的器官上的变化，但它决不是鱼。所以生物的发展过程既是继承的，又是不可逆的。人类生殖方式的进化也是如此。

在低等动物中，无性生殖是主要的、普遍的。海星、水螅等生物只要取其一块碎片，保持其原来的生活环境，就能发育生长出一个完整的生物体。但通过进化，生殖方式已由无性生殖到有性生殖，尤其是包括哺乳动物在内的脊椎动物，只能通过有性的方式繁殖后代。这是一种进化，从进化的继承性和不可逆性特征看，在个体的有性生殖中，继承并发展了细胞无性分裂的特征，但就个体的有性繁殖过程看，它不可能再回到原始的无性生殖上去。那么，通过克隆的方法把人类的生殖方式变成无性繁殖，在进化上有什么意义呢？

上世纪在五六十年代，一些科学家渴望利用无性克隆技术改善人类的遗传构成，达到促进人类优生、进化的目的。乐观的人认为，可以制造出一大批伟大的思想家、科学家、政治家、英雄、体育明星、著名演员等方方面面的杰出人才。卓越的科学家霍尔丹认为，人的克隆可以造就一批有"特殊能力"的超人，他们没有痛觉，超声波对他们不起作用，夜视，身材矮小等特征均利于未来战争和宇宙开发。

法国著名科学家让·罗斯唐认为，无性生殖可以让一个人的复制品永远不断，从某种意义上说一个人可以永生不死。诺贝尔奖金的获得者乔舒雅·雷德尔贝格博士认为，因无性繁殖生殖的子代与其体细胞供体在神经系统上是相似的，因此可以利用这种相似性来沟通世代之间的隔阂。

加利福尼亚洛杉矶分校的卡索森博士认为，取已死的伟大人物的体细胞复制进行克隆，可以使历史人物起死回生，造出基因型与他相同的复制品。

詹姆斯·丹尼利博士认为，如造出几个遗传上相同的复制品，放在不同的环境中让其生活，从中可以解决长期以来没有解决的遗传与环境问题。

当然对于克隆前景的预计并不都那么乐观，悲观的人担忧人的克隆会制造出希特勒、墨索里尼等恶魔的复制品，或复制出一大批充当炮灰的军队。除这些对现实结果的担心外，克隆对伦理学的冲击可能更大。西方伦理学强调：人的繁殖是一自然的过程，在实验室中复制人是不道德的；克隆人破坏了每个人所特有的基因型，而基因型本来应是每个人特有的；克隆还破坏了家庭的伦理关系，从遗传关系上无法区别克隆人的父、母、子、女关系。最为严重的是，克隆人的出现，是对上帝权威最为致命的打击，人也能制造人了，上帝的作用何在？诺贝尔奖金的获得者沃森认为，这可能会使西方的文明瓦解。

101

克隆技术对伦理学的危害

现代科技，特别是现代生命科技，要不要尊重伦理学原则，要不要倾听伦理的声音？按照生命伦理学的观点，科学技术要从长远利益出发，造福整个人类。它必须遵循"行善、不伤害、自主和公正"这四项国际公认的伦理原则。有关专家针对一些科学狂人在美国秘密克隆人的做法指出：克隆人违背人类生命伦理，存在着极大的争议和难以解决的一系列法律等问题。

认为克隆有害的人的主要理由是：克隆人与细胞核的供体关系既非亲子关系，又非兄弟姐妹，而是相当于一卵多胞胎，但又存在代间的年龄差，使得父母、子女的关系混乱，难以区分。但这些后果并非由于克隆的出现才带来的，这些谁是母亲、谁是父亲的争论，从人类用技术来改变自己的生育过程之后就已产生了。我们既然已经容许了人工授精、试管婴儿，在克隆过程中又有什么问题解决不了呢？

从 20 世纪 60 年代起，为解决男性不育问题而建立的人工授精技术，除用丈夫精液为部分夫妻解决了生育问题以外，还利用精子库中捐赠的精子进行了大量的异源人工授精，这种用非丈夫精子出生的孩子已有几十万。

对这些孩子来说，他们有两个父亲，一个是养育他们的父亲，另一个是提供给他一半遗传物质的父亲。

从 20 世纪 70 年代末起，为解决女性不育问题而诞生的试管婴儿技术伴随代理母亲的出现给母亲身份确立带来了麻烦。提供了卵子的供体是不是母亲？负责十月怀胎的代孕母亲是不是母亲？提供了卵、怀了胎，但后来又转移给别人而没有抚养这个孩子的人是不是孩子的母亲？没有提供卵、又没有怀胎，但养育了孩子的是不是母亲？由此，母亲被分成了遗传母亲、孕育母亲和养育母亲，再加上父亲可以分为遗传父亲和养育父亲，一个孩子可能有三到五个父母不等。这三到五个父母，谁对孩子在道德和法律上具有责任和义务呢？

克隆技术如用于人，可能会带来一种新的概念"准遗传母亲"。这是对那些提供了去核卵的妇女来说的，这些没有核的卵子中还保存有供卵妇女的部分 mRNA、蛋白质和存在于线粒体中的核酸，这些物质对于提供遗传信息的"遗传母亲"的细胞核或是"遗传父亲"的细胞核有多大作用尚不清楚，但有作用是可以肯定的。这样，克隆人将可能存在有遗传母亲或父亲、准遗传母亲、孕育母亲、养育母亲或父亲等三个到六个父母，这进一步给人类本已复杂的伦理关系增加新的问题，但从根本上说它给人类带来的混乱，并没有比试管婴儿等技术为人带来的混乱多出多少。

如果说克隆技术的发展可能改变了人类的生育过程，为家庭成员的关系带来混乱，破坏了家庭结构的稳定性的话，那么这些后果可以一直上溯到人工授精和试管婴儿技术建立的时代。这些可能存在的"罪孽"不应由克隆技术来独自承担。

虽然生殖生物学的发展为人类带来了伦理危机，带来了法律纠纷，但存在争议的事例与短短几十年里已经受益于这些技术的千百万人相比，实在算不得什么。就在神学家和伦理学家还在大谈该不该从事这些技术研究时，生物学家已经帮助上百万的人工授精婴儿和七百万试管婴儿来到了人间。这种繁荣发展的局面，大概是对这场伦理学争论所作的一个最好的注脚吧！

克隆技术在中国

　　面对着各国纷纷掀起的克隆热潮，中国也不是这次克隆冲击波的局外者。中国的科学家们表示，中国的克隆技术实际上一直处于世界领先的水平，尽管现在苏格兰的克隆羊在技术上要略高一筹，但只需几年便可以赶上和超过。目前，我国在克隆技术方面水平比较高的科研单位有中国农业科学院畜牧研究所、中国科学院发育生物学研究所、西北农业大学畜牧研究所、江苏省农业科学院畜牧研究所、广西农业大学等。前些年，西北农业大学利用滋养层细胞作为供体细胞克隆山羊，已经怀孕成功，这项技术的难度虽不及英国克牛，但已超过了传统的胚胎细胞核移植。我国已经能克隆老鼠、兔、山羊、牛、猪五种哺乳动物。就克隆的动物种类来说，是绝大多数国家无法比拟的。

童第周的怪鱼

　　有一种世界上从未有过的怪鱼，它长着鲫鱼尾巴，满身披满红鳞，它不是金鱼，也不是鲫鱼，它是中国科学院动物研究所，在 20 世纪 60 年代利用细胞核技术培育出的新鱼品种。当时，领导这个实验小组的，是年逾七十的中国著名胚胎学家童第周。

　　从 20 世纪 60 年代初，童第周就开始细胞核移植方面的研究工作。他创办的中科院发育生物研究所，将理论紧密联系实际，对金鱼、鲫鱼做了大

103

量细胞核移植实验，取得了重大的突破，并在生产实践中获得可观的经济效益。为此，童第周在1978年召开的全国科学大会上获得了科学大会奖。

童第周的实验方法非常奇特，他们用一种特制的吸取器，在高倍显微镜下，可把细胞核完整地吸取出来，然后用注射器把它注入没有细胞核的细胞中，让这个细胞核在新细胞中安家。例如，他们先将金鱼的细胞核取出，然后移植到去除了细胞核的鲫鱼的卵细胞中，结果孵化出的鱼，不像金鱼，却像鲫鱼。

这就奇怪了，因为按照遗传学理论，细胞核具有主要遗传基因，是控制生物性状的关键部位。移植到去核的卵细胞中，应该孵化出像金鱼的幼鱼才对呀，为什么

克隆鱼

现在却长出像鲫鱼的幼鱼呢？这一反常的现象引起了童第周的深思。

为了寻找答案，童第周又领导科研人员做了另一个实验。这次他们是把鲤鱼的细胞核，移植到去掉了细胞核的鲫鱼的卵中，结果是怎么样？有趣的是，这次得到的是一种长着鲤鱼的嘴巴及牙齿，口部有须，而鳞片、脊椎骨却像鲫鱼的怪鱼，这实际上是一种鲤鱼和鲫鱼的混合体鱼。

再做了其他一系列实验后，童第周最后得出结论：细胞核固然对遗传起着直接的重要作用。但细胞质对遗传也有显著的作用。因为细胞核的许多物质原料，如核苷酸、葡萄糖和许多小分子离子，都需要依赖细胞质。两者互相配合，协调作用，这就是著名的"核质关系"，是细胞遗传学研究的重大成就。

1973年，美国坦普尔大学的华裔著名生物学家牛满江教授，参观了童第周的实验室后，极感兴趣，要求与童教授合作。于是，童第周与牛满江开始了一系列合作研究。

童第周

他们选择了鲫鱼和金鱼两种相近的鱼来做实验，金鱼是分叉型尾，而鲫鱼是单尾型尾，区别明显。他们先从鲫鱼的精子细胞中提取 DNA，将它注到金鱼的受精卵中，结果孵化成长的幼鱼中，约有 25.9% 变成了鲫鱼的单尾。接着，他们又从鲫鱼成熟的卵细胞中提取 RNA（核糖核酸），也注射到金鱼的受精卵中，结果长出的小鱼，33% 为鲫鱼的单尾。这个实验说明，卵细胞中的 RNA 对动物遗传性状变异也有着重要作用。

为了进一步探明 RNA 的作用，他们还进行了亲缘关系较远的两栖类蝾螈对金鱼的核酸诱导实验。他们把蝾螈内脏细胞核的 DNA 提取出来，注入金鱼受精卵中，结果发育出来的鱼有 1% 是怪鱼，在它的嘴里长出一根像蝾螈蝌蚪那样的小棒，这是两栖类动物传给后代的"珍贵遗产"，它的作用是用来保持平衡。

童第周和牛满江的合作工作，第一次在脊椎动物中证明，不但细胞核中的 DNA 能决定生物的遗传性状，细胞质里的 RNA 对细胞分化、发育、遗传，也有明显的作用，而且在比较远缘的动物中也能产生这种作用。

没有外祖父的癞蛤蟆

朱洗教授从事动物早期发育的研究达四十年，硕果累累。他对两栖类、鱼类、家蚕等动物的卵子成熟、受精、人工单性生殖等进行了长期的深入的研究。他发现，输卵管产生的胶膜对受精有重要作用，他创造的蟾蜍卵巢离体排卵方法，为研究探讨卵子成熟、受精和发育提供了新途径。1961 年，朱洗带领他的学生，首次使用人工玻璃针刺激涂血的未受精卵单性发育成功，育成长大的单性雌蟾蜍与正常雄蟾蜍交配，繁殖出的后代就成了"没有外祖父的癞蛤蟆"，取得了发育生物学方面的重大突破。

癞蛤蟆

朱洗还非常重视科学研究为生产实践服务，他先后解决了蓖麻蚕的引

朱　洗

种、驯化、越冬，池养家鱼的人工催产和鱼卵孵化等问题，对促进中国养殖业的发展做出了重大贡献。

高价克隆牛

在畜牧业中，牛的经济价值最高。中国农业科学院畜牧所曾进行过克隆牛的试验。经过五年艰苦努力，进行核移植的有十四头。结果，妊娠三头，其中两头中途流产，只有一头于 1996 年 12 月克隆成成公牛犊。

中国农科院的动物核移植研究是从 1985 年开始的。最先试验的是家兔，后转向克隆牛的研究。由于牛的重构胚发育到 8～10 个细胞阶段受到阻滞，胚胎很难再往下发育，所以极难克隆成功。中国农科院的科学家们经过三四年时间的摸索，改变了方法，提前了卵母细胞的去核时间，并在卵母细胞的激活方面也作了改进。受精之后的单细胞，经卵裂分裂到 32 个细胞以上阶段为桑椹胚，再继续发育即成为囊胚。经过反复试验，将胚胎细胞发育至桑椹胚、囊胚阶段进行核移植，才取得了成功的结果。

牛核移植比羊难得多，因为羊进行手术移植，可以用体内成熟的卵母细胞和体内受精的核供体细胞，经核移植后早期分裂的胚胎即可移入羊的输卵管内继续发育，做起来相对比较容易。牛核移植情况就不同，牛的各项技术环节必须全部体外化，体外培养成熟卵细胞，体外受精核供体细胞，核移植后的重构胚还需经体外培养成桑椹胚和囊胚。而体外培养要比体内培养成功率低得多。

此外，因牛比羊大得多，用手术移植不方便，只能用非手术手段经过子宫颈移入子宫，这就需要进行核移植后的重构胚，有九天时间在体外培养，比羊和其它动物的时间长三到四倍。重构胚在体外呆的时间越长，越不易成活，风险就越大。

由于克隆牛难度大，成本高，效率低，成功率仅约1%，所以，中国克隆牛虽然仅是胚胎细胞克隆，但已属相当不易，所花代价很高，可称得上是高价克隆牛。

107

1992 年的国际牛核移植会议后，各国有关专家已达成共识，克隆牛目前还不能马上转入生产应用，估计十年以后，牛核移植产业化的时代才能到来。正因为如此，尽管在畜牧业中牛的生产经济价值最高，但国外一些主要由公司资助的研究队伍还是解散了。

中国农科院的高价克隆牛成功，说明中国采用胚胎切割和核移植方法克隆大动物的水平已进入世界领先行列。然而，令人黯然神伤的是，这头身世不凡的克隆小牛现在已找不到了。

据报载，该院在克隆技术研究获得重大进展后，上级有关部门认为这项技术"意义不大"，不再对该项技术研究提供科研经费。农科院在资金捉襟见肘的情况下，不得已卖掉了这头克隆牛。当事人回忆，买主是一家个体户，之后此牛下落不明，不知所终。

小白鼠长人耳

小白鼠长人耳，这不是神话，也不是科学幻想，而是中国已取得成功的科研成果。这个成果是由上海第二医科大学组织工程研究室主任，上海市第九人民医院整形外科曹谊林博士取得的。

该项研究采用体外细胞繁殖、复制人体器官等方法在动物实验中取得成功，并有望在近期内用于临床，从而对人体器官修复或重建等外科医疗带来突破性变革。

人们由于外伤或病变引起的器官缺损，历来临床医疗常采用的是自体移植方法，但这会给患者其它部位造成损伤，且匹配性差；如果采用异体组织器官移植，则常会出现排异现象，难以成活；以其他的代用品植入人体，也不能长久保存，且可造成感染排斥而失败。目前，在世界上还找不到既不损害自身组织，又可修复器官缺损的办法。

曹博士在整形外科实践的基础上，进行了近两年的刻苦研究，经历了数十次的失败，终于取得了可喜的进展。他将所需器官的细胞，种植在一种特殊的材料上，在合适的条件下经过对细胞的培养和繁殖，使之形成所需人体器官。耳朵是人体外形复杂的器官，他就以此作为研究的主攻方向和突破口，最终培养成功形同耳朵的软骨，再以整形外科手术将软骨接种到小白鼠身上，使实验用的小白鼠身上长出活的人耳。在此基础上，他又重复了十多次试验，都取得了满意的结果。

"人耳"小鼠动物试验的成功，引起了国际医学界的轰动，迎来了外科医学变革的新曙光。

动物试验表明，细胞培养的组织不会无限制地生长，也不会萎缩，这为临床应用提供了基础。通过软骨细胞体外培养，可代替人体耳朵等组织。同样，通过体外细胞培养和繁殖，还可形

实验用小白鼠

成人体骨头、气管、肝脏、关节、肌腱、皮肤等器官。不久的将来，医生只要依据病人某一器官的缺损情况，提取残余器官的少量正常组织进行体外繁殖，就可获得患者所需的相同功能的器官。

器官再造细胞培养技术，与克隆培养遗传信息完全相同的新个体的技术，有区别也有联系。器官再造培养属于组织工程学范围，是克隆技术的应用领域之一。它实际上是细胞生物学与医学工程学的交叉学科，它主要研究开发生物替代物，以修复损伤组织。

这次世界上首例"鼠身长人耳"的操作过程是这样的：先提取牛耳软骨细胞，经体外培养和繁殖，再接种到裸鼠的背部。六个星期之后，生物材料被裸鼠吸收，软骨细胞则发育成活，并逐渐长成所需的人耳形状。确切地说，这是长在裸鼠背上的人耳形的"牛耳"。当然，如果提取人耳软骨细胞进行培养，再接种成功，也完全可获得真正的人耳。不过，这只是外耳，不具备听力功能，主要用于整形外科的修复。根据同样的原理，再造

其它人体组织和器官的成功，只是个时间问题了。到时，整形外科将会有革命性的变化。

由于曹谊林杰出的贡献，他获得了1998年全美整形外科学会设立的詹姆斯·培雷特勃朗大奖，成为荣获该奖的第一个亚洲人。

转基因兔

转基因动物是指该动物的遗传物质中含有外源基因的一种动物，转基因技术是1973年伯格基因重组成功后的又一重大突破。

1990年初，中国科学家运用基因工程技术，成功地将含有乙肝病毒的基因及人的生长激素的基因，注入家兔受精卵内，获得了首批含有这些外源基因的中国转基因兔。科研人员先是利用基因工程手段取得乙肝病毒表面抗原基因，通过显微操作注射，导入家兔受精卵的雄性原核内。然后再将它移入受体母兔的输卵管内，使它进入子宫进行胚胎发育，直到分娩出转基因小兔。

转基因兔

经过分子杂交和免疫酶标记法等测定，在转基因兔及其所生后代兔的血液中，都可检测到乙肝表面抗原基因及其产物。这说明，这种外源基因已在转基因兔的基因组织中生根安家，能进行表达且可以遗传了。

转基因兔研究的成功，打破了大多数动物不能进行有性杂交的误区，为利用其它物种的优良基因、改良物种和培育物种提供了可能，为研究人类遗传疾病的基因手术治疗和基因药物生产，展示了诱人的前景。

转基因山羊

血友病是人类最常见的一类遗传性出血性疾病，它是因人体血浆内缺乏某些凝血因子造成的。血友病人的皮肤即使轻微碰撞也会出血不止，甚至还会发生自发的关节腔、肌肉深部的出血。重症病人往往由于某些诱因，引发内脏大出血而导致死亡。

凝血因子IX和VIII是人体内正常凝血功能必需的两种血浆因子，由于遗传等因素造成凝血因子IX和VIII生成不足，就会患血友病。目前临床上治疗血友病，除了给病人输注他们缺乏的凝血因子外，还没有其他更好的办法。但是，使用传统方法从人血浆中分离提纯凝血因子，代价非常昂贵，使用的安全性也是一个大问题。利用转基因动物，特别是利用哺乳动物乳腺生物反应器技术，可以从动物分泌的乳汁中直接分离得到有高度活性的凝血因子。

上海医学遗传研究所和复旦大学遗传研究所的科学家们，成功研制出能在乳汁中分泌人凝血因子的转基因羊，向构建"动物药厂"迈出了可喜的一步，给全世界血友病患者带来了新的希望和福音。这项技术达到了国际领先水平。

转基因动物生产基因药物，最理想的器官是乳腺。因为乳腺是外分泌型器官，乳汁不进入体内循环，不会影响转基因动物本身的生理代谢反应。从乳汁中提取所需药物，不但产量高、纯度高，而且由于有关的蛋白质经过修饰和加工，因而具有更稳定的生物活性。用乳腺生产基因药物技术又

111

称为动物乳腺生物反应器。

用羊和牛一类产乳量高的哺乳动物，作转基因处理生产药物，是最合适的对象。只需饲养牛、羊，就可使其不断地分泌大量乳汁，具有投资少、效益高、周期短、无公害等突出优点。

临床应用的凝血因子都是从人献血的血源中提取，据美国的统计资料提供的数字表明，全美国血友病人一年所需的凝血因子约为 120 克左右。按传统方法，这 120 克凝血因子需要从 120 万升血浆中提取，以每人献血 200 毫升计，需要 600 万个献血者提供血浆才能满足需要，因此人血源非常紧缺。而若用转基因牛来生产，一头牛每年的产奶量是 1 万千克，每千克乳汁中含 10 毫克凝血因子，那么只需要 1.2 头牛即可满足需要。可见乳腺生物反应器的高效益。

再以临床需要量更大的白蛋白为例，若患者一年需量为 10 万克，白蛋白如从人血中提取，需要 200 万升血浆，再以每人献血 200 毫升计要即 1000 万献血者提供血浆才能满足。而用转基因牛来生产，以每千克乳汁提供 2 克白蛋白计算，每年饲养 5 只牛即可解决问题。而且转基因动物生产的药物，没有人血中可能隐含的病毒感染的危险，可以避免如肝炎、艾滋病等的传染，因此更加安全。

上海医学遗传研究所和复旦大学遗传研究所合作进行的转基因羊研究，目前已有 5 头含有人凝血因子IX基因整合的转基因山羊，在上海市奉新动物试验场出生，其中一只母羊于 1997 年 9 月进入泌乳期。经检测，其乳汁中确实存在凝血因子蛋白的特异表达。

由于牛、羊一类大家畜，受精卵的雄原核极小，不像其他实验小动物的雄原核那样在显微视野下清晰可见，因而显微操作难度很大。再由于注射的命中率低，注射的外源目的基因的整合率低，移植胚胎的受孕率低，从而使目前转基因羊的研究难度极大，成功率仅为 0.1% ~ 0.3%。针对这一世界难题，上海医学遗传所的黄淑帧教授等科研人员，创造了新的技术路线，取得了三大突破：

一是利用试管体外受精技术，从羊的卵巢里获得卵细胞，体外孵育成熟后，放入精子进行体外受精，并进行受精卵的体外培养。观察受精卵发育的整个过程，寻找到受精卵显微注射的最佳时机，使注射后的受精卵成活率达到95%以上。

二是通过对移植前的胚胎分子鉴定，挑选有目的基因整合的胚胎进行移植，使整合率在理论上提高到100%。

三是改进了胚胎移植技术，大大减少了对受精卵的损伤，使受孕率明显提高。

将以上三项技术组合在一起，使转基因羊的成功率提高了十几倍。与英国罗斯

转基因山羊

林研究所应用核移植技术做转基因羊研究方法相比较，上海医学遗传所培育每只转基因羊所需的羊为2.5只，而罗斯林研究所约需20.8只，采用中国新技术所需羊数约为国外技术所需羊数的八分之一。也就是说，中国目前的实验效率要比罗斯林研究所高出八倍左右。

转基因鱼

据报道，中国运用基因工程技术创造的转基因动物，经济效益位居榜首的是"转基因鲤鱼"，这种变种鱼已有了好几代。它们食量大、长得快，是普通鲤鱼长速的二三倍，而且各项实验表明，它们生长快速的性状是可以遗传的。

中国科学院水生所的科研人员，在20世纪90年代初已建立了一个完整的转基因鱼模型。他们用转基因的方法人工培育的金鱼，也比普通金鱼的生长速度提高四倍。

113

转基因鲤鱼

科学家们还用细胞工程获得了新鱼种。这种使鱼卵和细胞融合的极化注射新技术，是将鱼类的培养细胞注入鱼类未受精卵，从而获得了鱼类体细胞工程鱼。他们还将草鱼身上的细胞核取出来，移植到鲫鱼未受精卵中，培养出一种变种鱼。这种鱼体形酷似草鱼，且具有抗病毒性能，而其银白闪亮的鳞又像鲫鱼。科学家们采用核移植技术，构建罗非鱼核质杂种鱼也取得了进展。

科学家们还用人工诱导雌、雄核发育技术，借助鱼类不同性别的生长优势，达到增产的目的，并培育成草鱼全雌性纯合系，投入了天然水域饲养。中国育成的"异育银鲫"，比当地两性鲫鱼群体生长快一、两倍。人工诱导鱼类多倍体也获得成功。三倍体鱼经人工养殖，具有生长快、体型大、肉质好、寿命长的优点，具有很好的食用价值。

新时期中国的克隆成果

作为新世纪的尖端科学，克隆技术从它诞生的那一刻起就吸引了众多世人的目光。作为世界上最大的发展中国家，中国一直在致力于前沿科学的研究。据目前的状况来看，克隆作为新兴的技术在中国得到前所未有的关注，而且硕果累累。

2000 年 6 月 16 日，由西北农林科技大学动物胚胎工程专家张涌教授培育的世界首例成年体细胞克隆山羊"元元"，在该校种羊场顺利诞生。"元元"由于肺部发育缺陷，只存活了 36 小时。同年 6 月 22 日，第二只体细胞山羊"阳阳"又在西北农林科技大学出生。2001 年 8 月 8 日，"阳阳"在西北农林科技大学产下一对"龙凤胎"，表明第一代克隆羊有正常的繁育能力。

据介绍，2003 年 2 月 26 日，克隆羊"阳阳"的女儿"庆庆"产下千金"甜甜"；2004 年 2 月 6 日"甜甜"顺利产下女儿"笑笑"。"阳阳"家族实现四代同堂。这不仅表明第一代克隆羊具有生育能力，其后代仍具有正常的生育能力。目前，"阳阳"与她的女儿"庆庆"、外孙女"甜甜"和曾外孙女"庆庆"无忧无虑地生活在一起。据介绍，截止 2004 年 5 月底，前来参观的各方人士已超过 100 万人次。

克隆羊阳阳

2000 年，在河北农业大学与山东农业科学院生物技术研究中心的联合攻关下，中国的科技人员通过名为"家畜原始生殖细胞胚胎干细胞分离与克隆的研究"实验课题，成功克隆出两只小白兔——"鲁星"和"鲁月"。这项实验表明，中国已经成功地掌握了胚胎克隆，虽然在技术上还没有达到体细胞克隆羊"多莉"的水平，但它为中国的克隆技术进步奠定了基础。

之后，中国广西大学动物繁殖研究所成功繁殖体形比普通的兔子大的克隆兔。因为兔子与人类的生理更加接近，克隆兔的成功诞生，有助于人类医学研究。

2002 年 5 月 27 日，中国农业大学与北京基因达科技有限公司和河北芦台农场合作，通过体细胞克隆技术，成功克隆了国内第一头优质黄牛——红系冀南牛。这头名为"波娃"的体细胞克隆黄牛经权威部门鉴定，部分克隆技术指标达到国际水平。冀南牛是我国特有的优良地方黄牛品种，分布在我国河北，主要特点是耐寒、肉多脂少。但目前数量急剧减少，已濒临灭绝。此次成功克隆，对保护我国濒危物种具有深远影响。

2002 年 10 月 16 中午，中国第一头利用玻璃化冷冻技术培育出的体细胞克隆牛在山东省梁山县诞生。

这头克隆牛的核供体来自于一头年产鲜奶 10 吨以上的优质黑白花奶牛的耳皮肤成纤维细胞。克隆胚胎经过玻璃化冷冻后移植到一头鲁西黄牛体内，经过 281 天后于 2002 年 10 月 16 日 11 时 52 分产出一头健康的黑白花奶牛。这头克隆牛诞生时体重 40 千克，身高 80 厘米，体长 72 厘米，胸围 80 厘米，管围 11.5 厘米。当天 14 时 20 分初乳，14 的 30 分开始站立，当

红系冀南牛

晚能叫、能卧、能蹦，与正常出生的奶牛体征无异。这是中国首例利用玻璃化冷冻技术培育出的第一头体细胞克隆牛。在此之前，中国一直沿用的是鲜胚移植技术，尚未有利用冷冻技术克隆成功。

2004 年两头分别被命名为"大隆"和"二隆"的克隆小公牛已年满半岁，鉴定委员会一致认为顶级荷斯坦种公牛体细胞克隆生产技术的总体效率已经达到国际前沿水平，这也是我国在动物克隆领域的又一重大进展。据介绍，利用体细胞克隆技术保护和扩繁顶级荷斯坦种公牛将从根本上改变我国奶牛业的落后局面，产生的经济效益和社会效益巨大。

由中国农业大学李宁教授领导的研究小组经过一年多的技术攻关，中国首批转基因体细胞克隆牛在山东科龙畜牧产业有限公司（山东梁山基地）"金牛园"成功降生。此批再克隆牛于 2005 年 3 月在山东梁山基地移植 200 多头鲁西黄牛受体，经过 276 天的受孕过程，目前已出生 14 头，健康存栏 10 头。

117

体细胞克隆牛

2009 年，中国科学家成功获得人类体细胞克隆胚胎，由山东干细胞工程技术研究中心李建远教授率领的科研团队，成功克隆出五枚符合国际公认技术鉴定指标的人类囊胚，这标志着中国已经掌握世界尖端的人类胚胎克隆技术，体细胞核移植克隆技术达到国际领先水平。

李建远教授的研究团队采用先进的三维立体偏震光纺锤体成像系统，再通过电激活与化学激活两种手段，成功获得了五枚囊胚，并顺利通过线粒体 DNA、SNP 鉴定。该项研究成果曾发表在克隆和干细胞领域的国际权威学术期刊《克隆和干细胞》上。这项成果除应用人类成纤维体细胞获得克隆胚胎外，还在世界上首次应用帕金森病患者外周血的淋巴细胞作为供体细胞获得囊胚，这使利用克隆技术治疗疾病向前迈进一大步。

成功掌握人类体细胞移植克隆技术，就可以从胚胎中提取到与病人遗传基因完全相同的全功能胚胎干细胞，用它衍生出全新的组织或器官，来取代病变的细胞、组织、器官；就可以避免免疫排异反应的发生，从根本上解决组织器官移植中的配型困难与供体不足等瓶颈问题。从而攻克糖尿病、白血病、癌症等很多目前不能治疗的疑难性疾病。

多姿多彩的克隆技术

人工受精与胚胎移植

有了优良品种，如何在短时间内大量繁殖，迅速推广应用，这是畜牧业长期难以解决的问题之一。例如一头母牛，一年大约仅生一胎，得一头小牛犊。如此一个优良品种的孕育推广，非数十年难有大成效。十几年来，由于生物技术的迅速发展及应用而形成的人工授精和胚胎移植技术，使这一难题迎刃而解。

人工授精，读者可能能够理解，而所谓胚胎移植是一种有性克隆技术。它是将受精卵发育成的胚胎重新移植到另外一个母性动物的子宫内，使其妊娠产子。所以，胚胎移植，也就是人们所说的"人工妊娠"或"借腹怀胎"。一般在畜牧克隆工程人工授精和胚胎移植是联合使用的。

人工授精和胚胎移植是首先应用于家畜繁殖而发展起来的一种生物工程。

作为人工授精，首先要解决的是精子的保存。牛的精子一般都可以在－196℃冻结，现在短期保存精子的技术已经相当发达并被广泛应用。精子保存的最大优点是在繁殖时可以尽量扩大对优良种畜的利用，容易向全国乃至全世界输送期望的遗传种质。另外，在使用之前能够对保存的精子进行检查，判断其有无性病或其他疾病。所以，许多国家纷纷建立了各种家畜的精子库。

作为人工授精第二步自然就是人工授精技术。所谓人工授精技术就是把雄性动物的精子注入雌性动物的子宫内的技术，这是传播家畜、家禽有用遗传性状的有力手段。实际上，对各种家畜虽然都可以进行人工授精，但是由于种类不同，利用率也有很大差异。例如，美国的火鸡100%都是利用人工授精生产的，而人工授精的肉牛还不足5%。现在，蜜蜂及鱼也都可以进行人工授精了。广泛利用人工授精传播优秀种雄畜的遗传性状，不仅可以节约农民家庭饲养种雄畜的费用，而且，可以不输入动物只输入精子即能得到优秀的性状，对防疫是有利的。但是，人工授精，特别是在肉牛生产中普及人工授精，必须建立可靠的鉴别发情技术和同期发情的技术。

人工授精完毕后，下一步就是胚胎移植了。作为胚胎移植的第一步是采胚，通俗地说就是从子宫中取出胚胎或者受精卵。采胚也是制作一胎双生及用一部分胚鉴别性别或进行其他研究的基础。把诱发排卵、人工授精及采胚等技术组合起来，即可以从性成熟之前尚未生产过的幼牛体内采胚。不仅能提高生殖能力，而且还可能从卵管及子宫受到损伤不能生产仔畜的雌畜回收胚，增加仔畜的生产。

最近，可以用外科和非外科的方法采卵。对绵羊、山羊、猪一般用外科的方法采卵。由于使用手术的方法采卵容易伤损组织，所以，牛、马等只产一个卵的牲畜最好用非外科的方法采卵。因而，有人认为在近期内采胚的技术不会有很大的发展。

采胚完毕后，就需要进行胚胎移植了。胚胎移植就是"借腹生子"，就是将胚胎移植到其他母体的卵管或子宫中。胚胎移植可以用外科手术和非外科手术两种方法，但后者的成功率比较低。最后，胚胎移植后，再经过"十月怀胎"，小生命就诞生了。

利用这种方法可以使本来不会怀孕的母畜产子，或者增加优良母畜的产子数，并对一些实验动物引进新基因。另外，由于能够从某些个体得到较多的仔畜，因此也容易极早发现不需要的劣性基因。把这项技术和胚胎的保存技术结合起来，即能比较简便地转移遗传形质。因此，胚胎移植在经济价值较高的动物中得到了广泛应用。

如果能完好地保存胚胎，就可以提高胚胎移植的可靠性。现在，牛胚已能在结扎的兔输卵管内保存三日。用冷冻的方法虽然可以长期保存胚胎，但还需要改良，因为用现在的方法约会有三分之二的胚胎死亡，损失巨大。

胚胎移植已在世界各地普遍开展。最早进行胚胎移植的是英国科学家。1980年，英国剑桥大学的科学家波尔格用卵细胞培育成胚胎，创造了"试管牛"，此后胚胎移植在世界各国得到广泛应用。

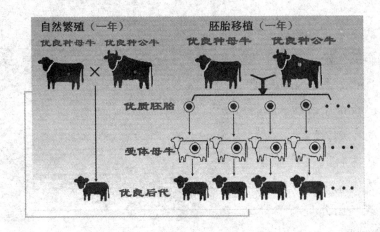

胚胎移植示意图

试管牛

而且令人兴奋的是，英国畜牧研究所于 1983 年 8 月 17 日公布了一项成果：该所把绵羊、山羊的受精卵经过细胞融合，然后进行胚胎移植，培育出外形别具一格的"绵山羊"。由于这种羊具备两种羊的遗传特性，因而这种羊的个体的头部和尾巴都像山羊，而身子和角却像绵羊。这种羊的个体比绵羊和山羊都大，毛绒的产量也超过一般的羊。这就有点神话中的异兽的色彩了。

中国重庆市妇产科医院生殖与遗传研究所为一位遗传性疾病患者，成功地进行了被称作第三代"试管婴儿"的胚胎移植，在胚胎移植前遗传学诊断和胚胎移植的研究中取得重大突破。

对遗传病的传统治疗，常用的都是通过绒毛或羊水对胚胎或胚胎儿进行诊断，之后对异常胚胎或胎儿进行选择性流产。这种方法既落

绵山羊

后又对孕妇造成痛苦。中国重庆市妇产科医院生殖与遗传研究所针对这一现状，成立了以所长黄国宁、副所长叶虹等组成的"胚胎种植前遗传学诊断技术"小组进行专门研究。一位来自北京的 29 岁妇女，因患有假性肥大型肌营养不良疾病，前来求医。该所采用 PGD 种植前基因诊断技术，将其八个体外受精细胞期胚胎筛选后获得的三个细胞，运用聚合酶联反应的方法进行分析、检测，并成功地植入该患者体内。

这一选择基因或染色体的胚胎移植术，能有效地杜绝畸形、缺陷儿的降生，使携带遗传疾病基因的患者生出健康婴儿。

动物细胞核移植

生产克隆动物的最有效、最没有争议的方法，大概就属细胞核移植法了。

所谓动物细胞核移植，就是用显微手术的方法将取得一个单个细胞或者单个细胞的核，然后再取得一个卵母细胞，通过"手术"去除卵母细胞中的遗传物质染色体或染色质，使之成为一个空壳，再把单个细胞或者单个细胞的核和卵母细胞空壳经过电刺激融合，从而实现单个细胞借居在卵母细胞空壳内，并能够实现核融合、分裂、发育为胚胎。

细胞核移植法从产生到现在按克隆细胞种类划分，可以分成下面三类：未分化的早期胚胎细胞克隆、体细胞克隆和来源于胚胎的培养细胞的克隆。

胚胎细胞克隆，有时为区别于体细胞克隆也称有性克隆。它利用的是早期的还没有在子宫中附植的胚胎细胞，这样的细胞是未分化的。它与受精卵的核差别很小，因此移核后胚胎的发育比较容易。

体细胞核移植的细胞核来源于体细胞，体细胞核是已经完全特化、分化的类型。从这样的状态回到发育的起始状态，有很长的路要走，要采取许多办法让走得很远的细胞核丢掉已经发生的变化。这一过程比较困难，至少要比胚胎细胞核移植难许多。

将胚胎来源的未分化细胞进行培养，并抑制其分化，可以使细胞在不分化的情况下大量地扩增数量，这种均一的、稳定的细胞系叫胚胎干细胞。胚胎干细胞具有发育全能性，这已经通过其他的方法证实。胚胎干细胞有分化形成各种组织的能力。如果用胚胎干细胞进行核移植能够成功，这种培养的细胞会提供无数的供体细胞核。

开创家畜胚胎核移植先例的先行者是英国科学家维尔拉德森。1986年，维尔拉德森将绵羊胚胎细胞与去核未受精卵融合，并用仙台病毒或电激诱导，成功地进行了二次核移植绵羊克隆尝试，从此开启了家畜哺乳动物克隆的先河。

123

在接下来的几年里，类似的试验也分别在牛、兔、猪和山羊中取得成功。

目前核移植研究在这几类试验上都有一定的成果。工作做得最多的是胚胎细胞核移植工作。

胚胎细胞核移植的工作自从 1986 年获得成功后，很快在几乎所有重要的家畜和实验动物中都取得了突破。这使人们产生了错觉，认为一个能大量复制动物的时代已经到来。一大批生物技术公司如雨后春笋般冒了出来，大量资金的流入像为克隆研究打了"强心针"，竞争进入了白热化。

到 1990 年，世界上已经至少有四家公司在进行商业开发。比较著名的有格雷纳德和格雷斯公司，这两家公司分别资助两位最为著名的科学家威兰德森和弗斯特从事克隆动物的研究。在这期间，新闻媒介开始关注动物克隆的领域，在《纽约时报》上报导了一篇关于格雷纳德公司的科学家怎样把优秀奶牛的细胞核移植到普通牛的去核卵中生产克隆动物。这些报导给人的印象是：将工业般的生产效率应用于动物的克隆后，克隆动物像从生产线上掉出来的罐头一样，一批批被生产出来。

到 1992 年，格雷纳德公司已经得到了 700 头细胞核移植克隆牛。其他公司也不甘示弱，每年妊娠的克隆牛也都上百头。用评论家的话说，在美国各大州的牧场中，克隆牛都在它们的"代理母亲"身边哞哞地欢叫着。

但狂热过后人们发现：经历了这样多道程序，经过如此复杂的工艺生产克隆动物，其效率不仅不比胚胎分割的效率高，反而远远低于胚胎分割。人们开始考虑，这样做是不是得不偿失。

1991 年发生了富于戏剧性的事件。与格雷斯公司在争夺克隆动物各项专利权中争得不可开交的格雷纳德公司，拱手把自己的业务和已到手的几项专利卖给了格雷斯公司。正当人们对此感到茫然不解时，一篇内幕报导出台了，原来格雷纳德公司在技术上遇到了困难。他们在工作中发现，克隆牛中有相当大比例的牛体型过大，在母牛生产时往往造成难产。这种体型过大现象让格雷纳德公司的科学家们感到头痛。

1992 年，世界各地的科学家坐在一起，探讨了克隆技术面临的困难，最后达成共识：克隆技术还有许多基本问题没有解决，商业开发为时尚早。

1992年以后，胚胎细胞核移植技术研究转向研究基础工作，随后的几年中，有许多新的科研成果面世，但业已存在的那些根本问题依然没有解决，它们还是动物克隆技术的绊脚石。

与胚胎细胞核移植不同，体细胞核移植的工作开展得较少。因为对于已完全分化的细胞，如何让它能重新发挥出全能性，是一个很难解决的问题。在为数不多的哺乳动物体细胞核移植实验中，无一能发育到产仔。

鉴于已有的经验，维尔穆特等人采用了一种使培养细胞调整状态的培养方法。在培养液中去除一部分重要成分，使培养的细胞处于一种饥饿状态。经过如此处理的羊乳腺细胞按常规的方法进行核移植后，有一只发育到出生，那就是"多莉"。这是人类第一次以一个成体动物为蓝本复制出一个克隆动物。这是动物无性繁殖中的最大成就，一旦它被证明是可重复的，体细胞克隆技术将无疑是一项具有划时代意义的工作。

科家们除在探索胚胎细胞和体细胞克隆技术外，对于胚胎干细胞用于动物克隆的前景也很感兴趣，并认为这一领域可能有一个更加广阔、更加光明的前景。

胚 胎 分 割

前些年，应用生物工程繁殖动物除采用了超数排卵技术、体外授精、人工授精之外，还采用了卵分割技术，然后再进行胚胎移植。所谓胚胎分割是用显微手术的方法将胚胎一分为二或一分为四，然后再分别移植到受体即"代孕母亲"的子宫中让其妊娠产仔。胚胎分割技术的原理与细胞核移植法不同，它是利用早期胚胎发育的全能性来产生后代的。在胚胎发育早期，细胞的分化方向未定，有可能以后变成上皮细胞，也有可能变成神经细胞。随着发育的进行，细胞分裂增加数目，达到一定的数目以后，这些细胞在一起通过细胞间的"通信"，开个"电话会议"决定初步的分工，然后按各自分工从"遗传信息书"中找到相应的"章节"，拓展一个领域，然后再逐级"分工"，就形成了一个精密的、分工明确的生物个体。

在这些细胞分化之前，如果把细胞分成均等的两份或几份，每一群细胞在开始分化前就可能重新调整分工，各负其责，这也能形成个体。这样本应得到一个动物，现在就变成了两个或四个。这些个体之间有相同的"遗传背景"，因此多得到的几个动物就是那一个后代动物的克隆。

这种用分割胚胎细胞克隆动物的方法潜力有限。因为你如把胚胎细胞分成许多份，每一份中的细胞数就会减少，这样在细胞们"开会"分工时，因为数目少，工作多，就没有办法明确分工以各负其责。在发育中有一些工作没有细胞去做，这样就没有办法正常发育了。在哺乳动物中，运用胚胎分割法生产克隆动物的数目一般不会超过四个。

胚胎分割从 1970 年起成为一项重要的胚胎操作技术。它因为能成倍地增加优良供体动物的后代数量，可能产生一定的效益，而受到人们的关注。

1979 年，威兰德森把绵羊早期胚胎分成两半，产下了世界上第一批人工的同卵双生的小绵羊。随后，牛、猪、山羊和马也都得到了遗传上完全相同的同卵双生后代。之后，实验动物的胚胎分割如鼠、兔等，多用于生物医学研究，而大家畜的胚胎分割多用于商业动物生产方面。胚胎分割的成功率比较高。胚胎二分割已克隆出的动物有小鼠、家兔、山羊、绵羊、猪、牛和马等。我国除马以外，以上克隆动物都有。胚胎四分割的克隆动物有小鼠、绵羊、牛。我国胚胎四分割，以上克隆动物均有。

胚胎嵌合技术

嵌合体的动物最早出现在希腊神话中，它是指狮头、羊身、龙尾的一种怪物。现代的克隆技术中，也有一种叫胚胎嵌合的技术。它是将两个胚胎细胞（同种或异种动物胚胎）合并，共同发育成一个胚胎，即"嵌合胚胎"，然后将这个胚胎移植给受体，让其妊娠产仔。如果产下来的幼仔具有以上两种动物特征，则称其为"嵌合体动物"。

科学家将这项胚胎嵌合技术大多应用于发育生物学、免疫学以及医学

126

动物模型等学科的研究。例如，利用这项技术可以检测动物胚胎细胞的全能性。

在畜牧业生产中，胚胎嵌合技术也大有用武之地。例如，对水貂、狐狸、绒鼠等毛皮动物，利用这项技术可以得到按传统的交配或杂交法无法得到的皮毛花色后代，从而提高毛皮的价值，克服动物种间杂交繁殖的障碍，创造出新的物种。

同时，这项技术还可进行异种动物彼此妊娠产仔，加快珍稀动物的繁殖。

例如，利用其它动物代替大熊猫妊娠产仔，能够加快它的繁殖速度。也可通过这项技术培育出含有人类细胞的猪，使得猪器官能用作人类器官移植之用。亦可将外源基因导入一种细胞和胚胎相合，生下含有该外源基因的嵌合体动物，并可遗传

嵌合体小鼠

下去，使它具有重要的研究和应用价值。

不久前，科研人员已经嵌合成功的嵌合体动物有小鼠、大鼠、绵羊、山羊、猪和牛等；种间嵌合体动物有大鼠－小鼠嵌合体、绵羊－山羊嵌合体、马－斑马嵌合体、黄牛－水牛嵌合体等。

核移植的几项成果

胎儿成纤维细胞核移植

由妊娠早期胎儿分离出胎儿成纤维细胞，采用如上核移植的方法克隆

出胚胎，经移植至受体，妊娠产仔，克隆出动物个体。1996年英国报道，科学家用此法成功克隆出了三头山羊。

体细胞核移植

将动物体细胞经过抑制培养，使细胞处于休眠状态，采用以上核移植的方法，将其导入去除染色质的成熟卵母细胞克隆胚胎，经移植至受体，妊娠产仔，克隆出动物。从理论上讲，这种方法可以无限制地克隆出动物个体，其科学和生产应用价值巨大。该项技术克隆动物有英国报道的克隆绵羊"多莉"，以及最近日本宣布的两只克隆牛。

基因核移植

基因核移植技术又名"火奴鲁鲁技术"。火奴鲁鲁（檀香山）是美国夏威夷的地名，国际科研小组在这里成功地培育出三代共五十多只克隆鼠，因此，他们的技术称为"火奴鲁鲁技术"。该技术与克隆"多莉"的细胞核移植有些相似，但他们在将核提取出之后，不经过液体培养，而是直接通过微量注射，而且仅选择核中的基因注入去核卵细胞。因此，这类克隆技术操作更为直接，速度更快，效率更高。一个研究人员每天可操作数百个卵细胞。

雌核生殖技术

所谓雌核生殖指在没有精子的情况下使卵子发育成个体。低等动物在没有精子的情况下，卵子自发地开始发育，并长成正常的成体动物的事例屡见不鲜。为什么在没有精子的遗传信息的情况下，卵子凭借自己的那半本"遗传信息书"就能发育出一个新的个体呢？这还要从精、卵中的"遗传信息书"说起。

雌核生殖俗称假受精，意指精子虽能正常地钻入和激活卵细胞，但精子的细胞核并未参与卵细胞的发育，使精子产生这种变化的诱变剂，可以是某些自然因子，也可以是某些实验因子。从遗传学角度看，雌核生殖相似于单性生殖。从克隆的角度来看，雌核生殖是一种无性克隆技术。

自然界里，人们早已发现在一些无脊椎动物中存在雌核生殖。后来发现有些品种的鱼也具有天然雌核生殖繁衍后代的能力。在哺乳动物中，据记载，偶尔发生小鼠的天然雌核生殖，但只能达到 1 ~ 2 细胞阶段。上述发现，已引起胚胎学家和遗传学家的极大兴趣，因此，生物学家们已对诱导产生雌核生殖的人工方法做了广泛地研究。

人工诱导雌核生殖，一方面必须首先使精子染色体失活，另一方面还得保持精子穿透和激活卵细胞启动发育的能力。早在 1911 年，赫特威氏就第一个成功地人工消除了精子染色体的活性。他在两栖类研究中，利用辐射能对精子进行处理时发现：在适当的高辐射剂量下，能导致精子染色体完全失活，精子虽然能穿入卵细胞内，却只能起到激活卵细胞启动发育的作用，而不能和卵细胞结合，所以，精子在这里只是起到了刺激卵细胞发育的作用，成为科学家手中的牺牲品。

我国卓越的胚胎生物学家朱洗，利用针刺注血法，在癞蛤蟆离体产出的无膜卵细胞上，进行了人工单性发育的研究，并获得世界上第一批没有"外祖父的癞蛤蟆个体"，证明了人工单性生殖的子裔是能够传宗接代的。

凡雌核生殖的个体，都具有纯母系的单倍体染色体。因此，雌核生殖的生命力，依赖于卵细胞染色体的二倍体化。在一些天然的雌核生殖过程中，是由于卵母细胞的进一步成熟分裂通常受到限制，染色体数目减半受阻，而使雌核生殖个体成为二倍体。所以人为地阻止卵母细胞分裂，均有可能使雌核二倍体化发育。

从 20 世纪 70 年代中期起，鱼类雌核生殖研究非常活跃。这是因为对鱼类精子的处理方法简便易行，又有易于施行体外授精之优点，由此雌核生殖在鱼类上具有潜在的经济效益，并日益引起人们的兴趣。

在两栖类、鱼类和哺乳类动物中，生物学家们早已开展人工诱导雌核生殖技术的研究。总的说来，要达到实验性二倍体雌核生殖，必须解决两个最主要的问题，第一是人为地使精细胞的遗传物质失活；第二是阻止雌性个体染色体数目的减少。

129

雌核生殖的鉴别是指经人工或自然诱导的雌核生殖个体，经过一定的鉴定，以证明它确属雌核生殖的个体。换句话说，应证明精子在胚胎发育中确实没有在遗传方面作出贡献。鉴别雌核生殖的个体，通常以颜色、形态和生化等方面的指标为根据。通过细胞学的研究，无疑更能精确地判别雌核生殖。若是雌核生殖，其囊胚细胞中只出现一套来自雌核的染色体。否则，雌核和雄核染色体各占一半，得到的是杂交种。近年来，还运用了遗传标志的方法，来鉴别雌核生殖的二倍体化。雌核生殖具有产生单性种群的能力。在同型雌性配子的品种中，雌核生殖产生的所有后代，都应该是雌性个体（XX）；而在异型雌性配子（X或Y）的品种中，雌核生殖的后代，可能是雌性个体，也可能是雄性个体。

在人工诱导雌核生殖过程中，由于使精子染色体失活的处理，往往会导致基因突变。在两栖类和鱼类的发育中，即出现胚胎早期的死亡现象。故有人称之为"外源精子致死效应"。显然这种引起个体死亡的基因突变，属隐性致死突变型。致死效应由隐性致死突变基因在两个同源染色体上的状态所决定，如果呈现相同等位基因情况，个体发育到胚胎早期就会死亡。因此，雄核发育有可能为遗传学研究提供某些致死突变种的生物品系，成为个体发育研究和遗传育种实践的好材料。

雌核生殖的研究，自20世纪初以来，虽有某些方面的突破，但从目前的研究状况来看，不能不说它的进展还是比较缓慢的。造成这一局面的原因之一可能与人工雌核生殖后裔的成活率较低有关。从研究过的一些鱼中，发现雌核生殖子代，多数于幼体阶段死亡。如雌核生殖的鲫鱼，在胚胎发育的前两周内，出现大量外观上畸形的个体，因此总的存活率大约只有50%左右。根据目前得到的情报，除仓鼠外，其他哺乳动物尚无雌核生殖成功的实例，还需要进一步研究。

总之，雌核生殖的研究，尚存在许多薄弱环节，有待进一步解决。尽管如此，近年来国内外在这方面的研究仍取得不少成就。人工诱导雌核生殖的鱼获得了能够正常受精的雌性个体，并成功地得到了人工雌核生殖的第二代和第三代。我国在鲤鱼等品种上，在人工诱导雌核生殖和建立纯系方面也已获得成功。所以说，人工雌核生殖的技术和方法正在不断发展和日臻完善。预计作为细胞工程学手段之一，将有可能对解决遗传改良和生殖控制等关键性问题作出贡献，而在按照人们的意愿改造和创新生命的进程中，将具有无可置疑的前景。

植物无性繁殖

许多植物都有先天克隆的本领。例如，从一棵大柳树上剪下几根枝条插进土里，枝条就会长成一株株小柳树；把马铃薯切成许多小块种进地里，就能收获许多新鲜的马铃薯；把仙人掌切成几块，每块落地不久就会生根，长成新的仙人掌等等。此外，一些植物可以通过压条或嫁接培育后代。凡此种种，都是植物的克隆。

植物的无性繁殖主要是通过将植物的某一部分切成几段或几块，分别栽到土壤中，每一段或每一块均能长成一个完整个体，也有一些植物本身就能通过地下茎或地下根来繁殖新个体。比如，我们常说"有心栽花花不开，无意插柳柳成阴"，这里说明了柳树的一个重要的繁殖特点，即扦插繁殖：剪一根枝条，插到土中，在适当条件下就可长成一棵婀娜多姿的大树来。又如马铃薯，农业生产上常采用切割薯块的办法进行繁殖，将其切割后，每一块种到地里可长成完整植株，并保持良好的结构特性。如果用马铃薯种子萌发产生实生苗来繁殖，产量将大为下降，农业生产上很少采用。在自然界里，植物自身采用无性繁殖方法产生新个体的情况也为数不少，比如落地生根、作绿地用的草坪草，等等。从白居易的佳句"野火烧不尽，春风吹又生"，就可见植物通过无性繁殖产生新个体具有何等的生命力。

无性繁殖是传宗接代的一种便利和有效的手段，它的好处是明显的：无性繁殖不需要在其它个体的帮助下完成，繁殖能够从实质上得到保证；当一种有用的特性形成之后，它不会很快被进化的过程所稀释，后代会跟母体一模一样。

131

试管育苗

迄今，全世界已有1000多种植物的细胞培养或组织培养获得了植株，其中已有大批的农作物和花卉树木的培养技术进入了实用化，形成了商品化苗木输出工业。由于细胞培养和组织培养的过程一般是在玻璃试管中进行的，于是，由此而得的苗木被人们称为试管苗。

试管育苗也要经过一定的程序，首先是获取无菌的试管育苗的材料，然后诱导其在培养基上；其次，要实现育苗的继代繁殖，通过繁殖途径的选择、最适继代间隔时间的选择、培养基的选择来完成；然后，是生根成苗。通过试管无根苗的大小，采用降低盐浓度的配方，或是添加适量生长素的方法来完成；最后，就是将育成的苗移栽成活。

采用试管苗的无性繁殖法具有巨大的优势，可以使得植株快速、大量地繁殖。以试管树苗而言，一位加拿大植物学家认为："在1加仑的培养基里，培养单个的植物细胞，可以培育出300万株优良品种的云杉植株来。"美国宾夕法尼亚州立大学园艺学家认为，利用植物细胞和组织培养技术培养植物繁殖不但可行而且有利。它的好处是：

首先，用此技术可以避免用种子繁殖时发生的后代变异；可以得到无病害的植物，并且繁殖迅速，一年之内能生产数十万株植物。特别是木本植物繁育周期长，从种子到下一代，往往需要几年，甚至几十年。如果用试管育苗的办法，对于缩短育种时间和保持植物优质将起到明显的作用。这里特别要提出的是发根的试管育苗。许多双子叶植物受到发根土壤杆菌感染后形成发根。和根瘤土壤杆菌感染引起根瘤一样，发根土壤杆菌引起病态表型是由于诱导成根的杆菌质粒部分整合于植物染色体上，并调节了细胞内源激素的合成，从而使不定根在受伤部位丛生。发根经抗生素处理，可以成为无菌的培养，发根表现型可以在这种培养基上稳定下来，而且发根生长远比正常根为快。目前试管育苗在许多方面得到了广泛地应用，首先是植物优良品种或稀有珍贵品种的快速繁殖。而这些树种用常规的种子繁殖或扦插繁殖均是比

132

较困难、速度极慢的。许多国家利用试管育苗技术达到了快速繁殖珍贵树种的目的。

其次，用此技术繁殖植物，可避免病毒感染及其他污染。如已大面积推广应用的无病毒马铃薯种薯繁殖技术，已获得巨大经济效益。在花卉繁育上，现在也大量采用组织培养法，由此而产生的无病毒试管花卉，已成为世界上花卉生产的主要发展方向。

再者，用试管苗技术繁殖农作物，可节省大量用于制种的作物。例如，在甘蔗生产上，每公顷地用于做种的甘蔗需要 7500～15000 千克；如果大面积推广试管苗，则相当于每公顷地增产 7500～15000 千克，效益相当可观。

试管育苗技术的发展极快，现在世界各地已有大量试管育苗工厂，尤其在花卉的生产上，形成了所谓的试管花卉工业。试管育苗技术与现代化设备与自动化管理技术的结合，将使种植业的可控程度大大提高。

试管育苗作为一种新技术，一旦为从事遗传、育种、栽培、园艺、林业、农业的科研工作者与生产者所掌握，无疑将会发挥巨大的作用。然而过高的成本，费工费时的操作与管理，对操作者的技术与经验的较高要求，均妨碍了该项新技术优势的发挥，致使目前用试管育苗生产的植物仅有兰花、康乃馨、草莓、山楂、葡萄、菠萝、甘蔗、马铃薯等几十种植物，其他植物的应用有待方法的完善与开发。因此，可以说，试管育苗尚处于开发与应用推广同时并进的阶段。

目前的植物克隆技术的发展方向是与植物的基因工程相结合，以达到快速繁殖、改良品种的目的。近年来，由于通过基因工程克隆了大量有作用物的基因，特别是干扰素、胰岛素等药物已达到工业化生产的规模，植物学科受到前所未有的震动，许多生物学家和生物化学家着手开始基因工程研究，试图按人们的需要来定向地改良作物。如将抗病、抗虫、抗盐碱的基因或增强农作物光合作用的基因导入一些重要作物中，并通过植物克隆来扩增所获得的具有优良性状的植株，从而尽快应用于生产中产生经济效益。目前已有抗虫棉、抗病毒的烟草用于实验，引起了各方的广泛关注。

133

克隆技术造福于人类

单克隆抗体技术

1975 年英国首先研制成功淋巴细胞杂交瘤技术。这就是英国科学家科勒和米尔斯坦利用了淋巴细胞与骨髓瘤细胞进行融合，从中筛选出杂交瘤细胞株，得到了在离体条件下能无限繁殖的"杂交瘤"细胞系，它们能产生针对特定抗原的单一抗体，称为单克隆抗体。

人体淋巴细胞是人的免疫系统的基本组织成分。一支淋巴细胞进入胸腺后形成 T 细胞，而不经过胸腺的另一支淋巴细胞称为 B 细胞。T 细胞在胸腺激素作用下，产生"吞噬 T 细胞"、"副卫 T 细胞"和"遏抑 T 细胞"。其中，"吞噬 T 细胞"直接杀死癌变细胞。后两种细胞则与细胞配合，抗拒病毒对人体的侵犯。

B 细胞能够分泌出许多浆细胞，每个浆细胞如同一座兵工厂，生产无数杀伤癌细胞或特异细胞的武器。这种武器称为抗体，它是一种特殊的蛋白质。这些抗体都是来自 B 细胞的抗体总和，即由一个 B 细胞衍生的所有浆细胞属"纯系"，或称为"克隆"。在人体内，每一个 B 细胞只接受一个抗原（如病毒）的刺激。然后，它产生针对该抗原的抗体。这些抗体都来自纯系或克隆。

英国科学家把被免疫的小鼠 B 细胞，即能够分泌某种特殊抗体的 B 细胞，与小鼠骨髓瘤细胞融合，产生杂种细胞。它既能像 B 细胞那样产生并分泌免疫特异抗体，又能像骨髓瘤细胞那样无限繁殖。这种纯系产生的抗体，叫做单克隆抗体。

单克隆抗体问世后，很快应用于临床实践，被称为 20 世纪 80 年代的"生物导弹"。1985 年，单克隆抗体已在医学各领域被广泛使用。由于单克隆抗体具有特异性强，灵敏度高，精确性高等优点，因此它被用于许多疑难病症（特别是肿瘤）的诊断治疗，动、植物病毒的检测以及蛋白质分子结构等方面的研究，成为细胞工程和克隆技术在医学上最重要的成就之一。单克隆抗体在疾病诊断与治疗中的应用前景已被全世界公认。

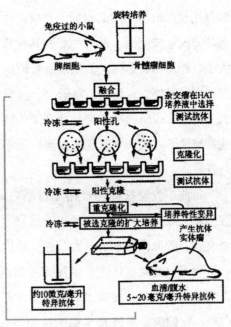

单克隆抗体的产生流程

由于单克隆抗体有高度的特异性，因而已成为目前分析和鉴定各种复杂抗原及阐明免疫反应机理的有力工具。单克隆在诊断疾病方面，在其准确性与诊断速度方面，都大大优于一般抗血清。它是体内检测的最好手段。单克隆抗体与荧光染料结合，可检测体内的肿瘤及病变组织，确定其位置与大小。

在短短几年间，已利用单克隆抗体解决了许多过去未能解决的基础医学及临床医学的重大课题，对传染病、免疫病和癌等疾病的诊断、预防和治疗正在发挥越来越大的作用。诊断疾病是单克隆抗体在医学上最直接的用途。使用单克隆抗体不仅诊断的精确度高，而且可以降低诊断的费用。例如，利用单克隆抗体能够决定激素的量，以此评价内分泌的机能或判断是否因患肿瘤产生了不适当的激素；鉴定某些病原性微生物；检查人血液中过量或有副作用的药物，确定药物的合理用量。

单克隆抗体已经被用于对肿瘤的诊断。现在已知，肿瘤细胞膜上具有与

135

正常细胞不同的特异性的表面抗原，称为肿瘤相关抗原。利用单克隆抗体来识别与鉴定肿瘤相关抗原，这就可以在早期对肿瘤做出准确诊断。另一个诊断办法是，根据不同的目的、要求，选用放射性同位素标记单克隆抗体，结合外部闪烁描记法，可对肿瘤及其转移病灶进行定位诊断，并可确定肿瘤的大小。如果用放射标记的抗癌胚抗原的单克隆抗体做放射免疫闪烁检查，能够检测结肠癌、直肠癌、卵巢癌、宫颈癌、肺癌。应用单克隆抗体诊断癌症大大提高了诊断的准确率，并有助于解决临床诊断中的疑难问题，检测出一些常规诊断方法（如常规抗血清）所不能发现的肿瘤，以及监测癌症的转移与复发。

目前单克隆抗体已经用于诊断白血病、淋巴瘤、乳腺癌、肠癌、前列腺癌及肺癌等多种癌症，肝炎、感冒、流感、艾滋病等多种病毒性传染病，血友病、胶原性疾病、贫血等遗传病以及多种免疫病与心血管疾病。

利用单克隆抗体还可以用来了解许多疾病的病理和机制。例如，血吸虫病是一种顽症，血吸虫的细胞膜含有十个分子量约为18000~200000的蛋白质，它们决定着该寄生虫的抗原特性。剑桥大学的科学家制备了抗多肽抗原的单克隆抗体，其分子量分别为24000和7000。结果发现，当该寄生虫变为成虫时，它便失去与宿主所产生的抗体相结合的能力，也即是说它能逃脱宿主的防御反应。看来血吸虫好像能合成与宿主相似的分子，科学家们感到迷惑，因为已在取自小鼠的血吸虫外膜中发现这种组织相容性复合物的成分。于是，美国国家卫生研究院的科学家使用单克隆抗体发现，在血吸虫表面上存在有H-2抗原。对其基因组的分析表明，在该寄生虫内不存在编码人体的或是小鼠的组织相容性抗原的基因，血吸虫必定是从宿主获得这种基因的。在这方面，血吸虫的膜脂蛋白的作用可能是很重要的，科学家用单克隆抗体所进行的详尽研究是制备疫苗或进行有效化学治疗的重要先决条件。

使用单克隆抗体治疗疾病也在医学上得到了广泛应用。由于单克隆抗体能与病变部位特异地结合，所以它可以作为"导弹"将药物直接带到病变部位，既增强药效又可避免这些药物对正常细胞的伤害。例如，用单克

136

隆抗体携带的放射性同位素的量，可比通常放疗用量高 1000 倍。传统化疗允许的药量是杀死肿瘤细胞与正常细胞之比为 22：1，用单克隆抗体携带后其比为 10000：1。单克隆抗体还可用于治疗心脏病以及每年导致八万人死亡的败血症。这些研究成果的应用，将在医学界引起重大的变化。

应用单克隆抗体还可治疗癌症，可采用两种办法：一是制备抗肿瘤的单克隆抗体；二是以单克隆抗体作为载体，携带药物，有效杀伤癌细胞。

应用单克隆抗体治疗恶性肿瘤，研究最多的是白血病和淋巴瘤。目前，已有成功的案例。如美国的一位年老的淋巴癌患者在使用常规的治疗无效后，美国斯坦福大学医学研究中心的研究人员在四周内对患者进行了八次单克隆抗体静脉注射，结果效果显著。患者曾被癌细胞侵染过的淋巴结、肝和脾均恢复了正常，头颅上的结节也消失了。时隔两年，患者再没有复发。

1982 年，英国诺丁汉大学的弗兰德和他的同事们成功地分离出专门与结肠和直肠恶性肿瘤起反应的单克隆抗体。临床诊断患有这些肿瘤的患者，可接受注射放射性碘标记的单克隆抗体，用照相机拍摄 X 光片，然后用计算机进行分析，这样可以极其正确地扫描出原发肿瘤及其扩散到身体其他部位的精确范围，用此法首次特异地确定原发肿瘤及转移肿瘤的位置。

单克隆抗体作为载体携带药物，其疗效就大多了。这是利用单克隆抗体与肿瘤细胞表面抗原的高度亲和力，使这些携带了可杀伤肿瘤细胞的药物的抗体浓集于肿瘤细胞上，对肿瘤细胞发挥强大的杀伤作用，而又不影响正常细胞。

英国《独立报》1988 年 4 月 20 日报道，英国帝国癌症研究基金会也使用这种方法，拯救了两名晚期癌症患者。这个基金会的研究人员把放射性碘附着于抗体上，然后注射入患者脑或脊髓周围的体液内。这种抗体寻找、袭击癌细胞并粘住它们，但不影响患者体内的正常细胞。被治疗的两名患者都患一种脑瘤，称为成神经管细胞瘤，施用化疗和神经外科手术，均无效果。其中，一名患者是十八岁男子，已不能正常走路，经常疼痛，现已过正常生活了；另一名患者是一名荷兰妇女，本来预料她将死去，但是，

137

经过用这种疗法，只注射一次后，她一个月内就回家，可以打网球、骑自行车和滑雪。

单克隆抗体携带的药物有氨甲喋呤、苯丁酸芥、阿霉素、红比霉素和三乙基亚胺苯醌等。用这种方法杀死一个肿瘤细胞，需要相当多的抗癌药物，而与肿瘤细胞结合的单克隆抗体受到肿瘤细胞表面的抗原受体数限制。因此，尽管单克隆抗体与抗癌药物的结合物能够高度选择性与肿瘤细胞结合，但是与肿瘤细胞结合的数量不多，仍然不能有效地杀伤肿瘤。针对上述情况，有关的科学家用细菌或植物毒素（如白喉毒素、相思豆毒素、蓖麻毒蛋白等）取代前述抗癌药物，并与单克隆抗体结合。这种结合物称为"免疫毒素"。

提纯蛋白质、激素、毒素等对人体具有重要作用的复杂混合物也可用单克隆抗体来进行。以干扰素为例，英国沃里克大学的色切尔和布茹克通过免疫吸附技术获得了纯度为1%的干扰素制剂。在用由此提纯的干扰素对小鼠进行免疫后，他们把被免疫小鼠的脾细胞与小鼠骨髓瘤细胞进行融合，然后，他们选择了一个杂种克隆，当把该杂种克隆的细胞注入小鼠后，可诱发小鼠长出能分泌大量抗干扰素抗体的肿瘤。为了制备一个提纯干扰素制剂的免疫吸附柱，将该干扰素抗体附着于碳水化合物小球上，干扰素制剂只通过含有干扰素单克隆抗体的吸附，一次提纯纯度可提高5000倍。再例如，细胞膜蛋白很难提纯，它们以微量存在于细胞内，其生物学活性很不容易测定，或在分析实验过程中，当膜溶解时它便消失，就像在组织分化的各个阶段标记所特有的细胞表面抗原的情况一样。若用单克隆抗体方法确定膜蛋白的特征，就能克服上述那些困难。

单克隆抗体也可用于制备各种特异性很强的疫苗，特别是抗某种病毒株和抗寄生物的疫苗。单克隆抗体能够较好保存，杂交瘤可以冷冻贮存。为了满足研究需要，一些研究所和实验室都已建立了杂交瘤库，许多药物公司对单克隆抗体的大规模生产有极大的兴趣。

单克隆抗体也不是灵丹妙药，它本身也存在着许多缺陷。单克隆抗体的疗效可能受到在某些病人血中的肿瘤抗原的影响，患者的肿瘤抗原与单

138

克隆抗体结合，从而妨碍了单克隆抗体对肿瘤细胞的作用。另一方面，在某些抗体与细胞结合后，还可能发生目标抗原从细胞表面消失的情况，从而使单克隆抗体失效。在对白血病患者进行研究中已观察到，当反复给予这种抗体时，这种抗原的调节作用可能降低抗体的效力。单克隆抗体在癌症治疗和在一般治疗上应用的另一问题是缺乏来自人体的单克隆抗体。所有的试验都是用小鼠抗体或用各种动物的多克隆抗体进行的。事实上，如果反复地给予外来抗体，恐怕病人将产生严重的过敏反应。人单克隆抗体的制备是这个领域的研究重点，但这方面的困难之一是，缺乏易于培养又不分泌自身抗体的人骨髓瘤细胞株。

单克隆抗体在医药领域得到了广泛地应用。在淋巴瘤技术和单克隆抗体的生产和应用方面，美国、英国、法国和瑞士最活跃。美国有 70 多家公司从事单克隆抗体的生产。英国 1987 年《科学技术新闻》报道，英国帝国癌症研究基金会所属的五十多家实验室中，几乎有一半能够生产单克隆抗体。这些抗体可识别肿瘤细胞产生的蛋白质。

自 1979 年起，美国已有几个实验室制备了能与肺癌、乳腺癌、结肠癌和胰腺癌以及淋巴瘤和白血病的抗原起反应的单克隆抗体。

美国国家癌症研究所的科学家筛选了 15000～20000 个单克隆抗体，目的在于分离出一个对小细胞肺癌有专一性的抗体。美国国家癌症研究所的研究人员制备这些单克隆抗体的过程是：首先，从对癌细胞免疫的小鼠分离出脾淋巴细胞，然后使这些淋巴细胞与小鼠骨髓瘤细胞融合，最后从杂种细胞获得克隆。将这样分离的克隆所产生的抗体，用培养的两个不同的小细胞株和一个非癌的淋巴样细胞株进行筛选。有一些抗体能与癌细胞发生反应，但不能与正常细胞发生反应。然后他们对这些抗体进行更广泛地试验，制备了能与正常肾细胞和肿瘤细胞发生反应的单克隆抗体。

干细胞的研究

美国加州大学洛杉矶分校医学院的马克·海德里克博士说，"干细胞就像小孩，长大后可以从事各种职业。""孩子可能成为消防队员，也可能成为医生或水管工，这取决于生活（或者说环境）对他们的影响。同样，通过改变这些干细胞的环境，它们也可以发育成各种组织。"

一般来讲，干细胞可分为四种类型：

胚胎干细胞：从人类胚胎中得到的干细胞

胎儿干细胞：从流产胎儿的组织中获取的干细胞

脐带干细胞：从脐带中得到的干细胞

成人干细胞：从成人组织中获取的干细胞

胚胎干细胞和胎儿干细胞可形成的细胞种类多于成人干细胞。2001 年 4 月，美国加州大学洛杉矶分校和匹兹堡大学的研究人员在吸脂手术病人吸出的脂肪中发现了干细胞。此前只在骨髓、大脑组织和胎儿组织这些引发伦理道德问题的来源中发现了干细胞。脂肪干细胞可以发育成其他类型的特定细胞，包括肌肉、骨骼和软骨，但可发育成多少种其他类型的细胞尚不清楚。

分化后的细胞，往往由于高度分化而完全丧失了再分化的能力，这样的细胞最终将衰老和死亡。然而，动物体在发育的过程中，体内却始终保留了一部分未分化的细胞，这就是干细胞。干细胞又叫做起源细胞、万用细胞，是一类具有自我更新和分化潜能的细胞。可以这样说，动物体就是通过干细胞的分裂来实现细胞的更新，从而保证动物体持续生长发育的。

干细胞根据其分化潜能的大小，可以分为两类：全能干细胞和组织干细胞。前者可以分化、发育成完整的动物个体，后者则是一种或多种组织器官的起源细胞。人的胚胎干细胞可以发育成完整的人，所以属于全能干细胞。

早在 19 世纪，发育生物学家就知道，卵细胞受精后很快就开始分裂，先是一个受精卵分裂成两个细胞，然后继续分裂，直至分裂成有 16 至 32 个细胞的细胞团，叫做桑椹胚。这时如果将组成桑椹胚的细胞一一分开，并分别植入到母体的子宫内，则每个细胞都可以发育成一个完整的胚胎。这种细胞就是胚胎干细胞，属于全能干细胞。骨髓、脐带、胎盘和脂肪中则可以获取组织干细胞。每个人的体内都有一些终生与自己相伴的干细胞。但是，人的年龄越大，干细胞就越少。为了弥补干细胞的不足，一些科学家建议从胚胎或胎儿以及其他动物身上获取干细胞。进行培养和研究。

干细胞的用途非常广泛，涉及到医学的多个领域。目前，科学家已经能够在体外鉴别、分离、纯化、扩增和培养人体胚胎干细胞，并以这样的干细胞为"种子"，培育出一些人的组织器官。干细胞及其衍生组织器官的广泛临床应用，将产生一种全新的医疗技术，也就是再造人体正常的甚至年轻的组织器官，从而使人能够用上自己的或他人的干细胞或由干细胞所衍生出的新的组织器官，来替换自身病变的或衰老的组织器官。假如某位老年人能够使用上自己或他人婴幼儿时期或者青年时期保存起来的干细胞及其衍生组织器官，那么，这位老年人的寿命就可以得到明显的延长。美国《科学》杂志于1999年将干细胞研究列为世界十大科学成就的第一，排在人类基因组测序和克隆技术之前。

新加坡国立大学医院和中央医院通过脐带血干细胞移植手术，根治了一名因家族遗传而患上严重的地中海贫血症的男童，这是世界上第一例移植非亲属的脐带血干细胞而使患者痊愈的手术。医生们认为，脐带血干细胞移植手术并不复杂，就像给患者输血一样。由于脐带血自身固有的特性，使得用脐带血干细胞进行移植比用骨髓进行移植更加有效。现在，利用造血干细胞移植技术已经逐渐成为治疗白血病、各种恶性肿瘤放化疗后引起的造血系统和免疫系统功能障碍等疾病的一种重要手段。科学家预言，用神经干细胞替代已被破坏的神经细胞，有望使因脊髓损伤而瘫痪的病人重新站立起来；不久的将来，失明、帕金森氏综合症、艾滋病、老年性痴呆、心肌梗塞和糖尿病等绝大多数疾病的患者，都有望借助干细胞移植手术获得康复。

同胚胎干细胞相比，成人身体上的干细胞只能发育成二十多种组织器官，而胚胎干细胞则能发育成几乎所有的组织器官。但是，如果从胚胎中提取干细胞，胚胎就会死亡。因此，伦理道理问题就成为当前胚胎干细胞研究的最大问题之一。美国政府明确反对破坏新的胚胎以获取胚胎干细胞，美国众议院甚至提出全面禁止胚胎干细胞克隆研究的法案。美国的一些科学家则对此提出了尖锐的批评，他们认为，将干细胞用于医学研究，在减轻患者痛苦方面很有潜力。如果浪费这样一个绝好的机会，结果将是悲剧性的。

随着基因工程、胚胎工程、细胞工程等各种生物技术的快速发展，按照一定的目的，在体外人工分离、培养干细胞已成为可能，利用干细胞构建各种细胞、组织、器官作为移植器官的来源，这将成为干细胞应用的主要方向。

未来的制药厂

生物工程技术向世人展示了这样一幅美妙的前景——动物将成为人类的制药厂。

人们现在已经能自如地把基因切开、粘上，在体内体外大量扩增它的数量，移植到另一个个体或另一个物种，这些基因的插入就像在动物的"遗传信息书"中插入了新的一"章"，如果插入的"章节"确实牢固地"装订"到"书"中，并且加入的位置正确无误的话，动物体的相关部位在"读"到这一"章节"时，就会按要求生产出相应的产品，这就是动物工厂的生产目标。在动物体中，乳腺是能持续分泌乳汁的器官。如果移植入的能促进某种药物蛋白质生成的基因可以在乳腺组织中表达，那么，乳汁中就能含有这种蛋白质药物。每天正常泌乳的动物也就成了一个"药物工厂"。

位于美国爱丁堡的药物蛋白质有限公司是一家小型生物技术公司，它拥有罗斯林研究所一项改变哺乳动物基因技术产品的开发权。一些已改变基因的哺乳动物能在其乳汁中产生具有治疗作用的蛋白质。

药物蛋白质有限公司的执行主任荣·詹姆斯博士在接受记者的电话采访时，说："这种新的方法比在基因上改变酵母、细菌或其它哺乳动物的细胞的方法更为有效。"药物蛋白质有限公司和美国的 Genzyme 转基因公司都已经开始利用基因重组的动物或者转基因动物来生产药物。他们的方法是设法将促使产生蛋白质的基因加入到早期发育阶段的细胞内。不过这种方法只能使少数细胞获得这种基因，从而产生有效的蛋白质。生物技术分析家们认为，以目前所拥有的方法来获得一种转基因动物，必须试验、试验、再试验，科学家们就像在玩一次概率游戏；但是，如果一旦成功了，那么你就只需要成批制造就行了。

无性繁殖技术还可同样应用于猪、山羊、兔子以及任何其他的哺乳动物。这些动物能在其乳汁中产生具有药物功能的蛋白质，而且这些蛋白质比目前由转基因动物生产的蛋白质更加稳定。

通过转基因技术提取的蛋白质比从血液中提取的产品更安全，因为这可避免如艾滋病和肝炎病毒传染的可能性。同时，这种药物的成本也比由发酵技术生产的生物工程药物更加低廉，一只羊的产量抵得上一家大型生物制药厂生产一个月。这种优秀的动物，用无性繁殖的方法大量繁殖，效益将是十分惊人的。因为一只大型哺乳动物在它的乳汁中可产生大量的蛋白质。

克隆技术与濒危生物保护

世界上的物种每天都有灭绝的。在保护濒危动物方面，人们采取了许多手段，但收效甚微。克隆技术的出现，对于挽救珍稀濒危动物来说，是一个福音。体细胞克隆技术为动物品种保存提供了新的手段。从一套遗传信息，从一个细胞可以繁殖出一个动物，的确是一个诱人的前景，但目前还存在许多其他的困难，短期内不可能有实际的应用。

由于环境污染的日益加剧，植物种质资源受到极大威胁，大量有用基因遭到灭项之灾，特别是珍贵物种。植物种质保存引起世界各国科学家和政府的广泛重视。用细胞和组织培养法低温保存种质，抢救有用基因的研究进展很快。像胡萝卜和烟草等植物的细胞悬浮物，在 -20℃ 至 -196℃ 的低温下贮藏数月，尚能恢复生长，再生成植株。如果南方的橡胶资源库能通过这种方法予以保护，那将为生产和研究提供源源不断的原材料。

动物克隆可有利于保存和发展具有优良性状的动物品种，抢救濒危动物。例如一旦某种濒危动物只剩下一只动物，甚至即使该动物已经灭绝，但仍留下组织或细胞。就可以通过克隆技术来挽救或再生。

像中国的大熊猫、白鳍豚等。克隆技术能不能运用在它们的身上呢？

关于对大熊猫进行克隆的问题，已经引起了有关科学家之间的争论。那么，克隆其他濒危动物还存在着哪些困难呢？这些困难有没有可能加以克服呢？

困难之一是：野生濒危动物与普通动物相比，目前存在世上的数量极少，可供做克隆实验的个体就更少了。以白鳍豚为例，目前世界上剩下的还不足百头，在武汉白鳍豚馆内人工饲养的"淇淇"，是可供科学家进行克隆实验的少数个体之一，但它是雄性的，即使克隆成功，最后的克隆幼子也不可能由它来做"代理母亲"。在多莉的诞生过程中，科学家共动用了三个"假妈妈"，总共使用了二百七十七个胚胎才取得最后成功的。

困难之二是：目前人类已经克隆成功的羊、兔、猪、猴等动物，人们对它们的生活习性了如指掌，克隆这些动物相对容易。到目前为止，还有许多濒危野生动物的生长过程、生活习性等并不为人类所掌握，与克隆羊、兔、猪、猴等动物相比，其成功率自然也要小得多。

困难之三是：有些濒危动物的特殊生活环境，造成了科学家在克隆它们的过程中会遇到许多意想不到的事情。例如，由于白鳍豚是生活在水中的哺乳动物，它和生活在陆地上的绵羊、恒河猴相比，生活环境完全不同。这样，在进行克隆实验的过程中，技术操作的难度将大大增加。

因此，由于存在着上面这些困难，从理论上说，虽然克隆濒危野生动物是可行的，但是，依靠克隆技术拯救濒危动物的可能性却还是非常小的。不过，随着克隆技术的进一步发展，相信科学家会逐渐克服这些困难，让克隆濒危野生动物的理想真正实现，使这些珍贵的动物成为人类永远的朋友，让它们长久地成为我们这个世界的一部分。

克隆技术与人的器官移植

无性繁殖哺乳动物的成功必将鼓励人们多多生产转基因动物，这些转基因动物的器官可被移植到人体内，这样就解决了长期以来移植器官短缺这一难题。变被动为主动，而器官移植的目前，肾脏、肝脏、心脏移植已成为许多患者战胜疾病、延长生命的有效甚至是唯一的手段。

从 20 世纪 70 年代起，对人体器官的需求量一直有增无减，这一矛盾正在日益激化。目前每年有数万患者因得不到可用于移植的器官而在期待中死去。在得到尽可能多的可移植器官方面，克隆技术可能会发挥巨大作用。

有人对克隆人的作用曾提出过这样的设想：让克隆人或克隆胚胎成为其母体的"备用零部件"，一旦其母体身上出现了器官移植等的需要，便可从他的克隆体上轻而易举地取得，而且这样取得的器官根本不存在移植后排斥的问题。不过，这里却碰到了一个难以回避的问题：我们怎么能从一个人（因为克隆人也是人！）身上任意取得他的器官呢？在目前的法律中，这当然是行不通的。那么，从他的克隆胚胎上取得器官行不行呢？这又涉及到"克隆胚胎是不是人"这个问题了。

人的克隆胚胎作为一个生命物的开始，它究竟是不是人？这是一个很难回答的问题，因为从胚胎到人是一个由量变到质变的过程。如果认为克隆胚胎是人，那就应该给他以人的尊严；如果认为克隆胚胎还不是人，那么对其进行有关实验也未尝不可。与此相仿的是人工流产问题，西方社会对人工流产的态度也存在着对立的双方：一方认为人工流产的对象是生命，人工流产是对生命的毁灭，是非法的；另一方则认为人工流产是合法的，因为胚胎还不是真正意义上的人。当然，如果将克隆胚胎培养成人，再从他身上取得某些"备用零部件"——器官，作为移植之用，则是不可想象的。这是与现行社会的法律相抵触的行为，相信也不会是今后将出现的情景。

有没有两全其美的解决方法呢？克隆人体器官是一条可行的途径。曾

145

在《基因革命》一书中预测过动物克隆的英国科学家帕特瑞克·迪克森博士在《星期日泰晤士报》上披露，英国巴斯大学的发育生物学教授斯莱克，用控制某些特定基因的方法，创造了一只无头青蛙的胚胎，这一技术有可能用来培育出一种可供器官移植的无头克隆人，使之成为人类器官的供应工厂，以解决目前移植器官紧缺的状况。不过，这一方法到底是否可行，还需有相应的国际社会可接受的基本原则与之相配套，以免出现不可收拾的场面。

克隆技术服务农业

克隆技术在植物上的应用并不新鲜，它早已开始造福于人类的生活了。很可能你从菜场买回来的番茄，就是采用克隆技术培育成的新品种呢！

克隆技术在农作物遗传育种方面的应用，简单地说，就是科学家利用克隆技术从一种作物细胞里把 DNA 提取出来，并将其转移到另一种作物细胞里去，"克隆"出使之具有前一种作物性状的作物。自 1983 年克隆出世界上第一种基因移植作物——抗病毒烟草以来，人们在这方面的研究和应用，已取得了巨大成就。

到目前为止，人们主要克隆培育出了具有抗病性、抗害虫、抗除草剂、抗逆境、提高蛋白质含量、延缓衰老等优良特性的作物。这些通过克隆技术相继开发出的潜力可挖的作物育种新领地，对提高农作物的产量和质量具有重要的现实意义。

抗病性作物的克隆成功，是克隆技术在农业领域最鼓舞人心的业绩之一。我们都知道，种类繁多的病毒是农作物的天敌，它们的入侵使许多农作物的产量大大降低，往往会给农业造成重大的经济损失。据统计，仅此一项每年就使全球农作物平均减产 12%。而靠大量喷洒农药抵制病害，不但会对人体产生危害，而且对许多病毒、细菌也无济于事。因此，培植抗病毒作物成为科学家的一个选择。他们早就注意到某些受到中、低度病毒侵害的植物，其后反而增强了对烈性病毒的抵抗力，这说明低度病毒菌株的复制扰乱了烈性病毒的感染能力。科学家据此将这种"交叉保护"的原理应用于番茄和烟草中。

1983年，美国华盛顿大学的比奇教授推论，病毒的某种单一成分可能起到了这种防护作用。于是，他构建了一个中间宿主——烟草花叶病毒的外壳蛋白基因，将其转移到烟草和番茄细胞中。结果发现，由此克隆出的受到蛋白基因感染的作物，获得了对高浓度病毒的抵抗能力，从而有力地证明了交叉保护原理的正确性。此后，科学家们利于这一原理和克隆技术，相继克隆出苜蓿、马铃薯、水稻和甜瓜等许多抗病毒作物。

克隆抗虫害的作物，是克隆技术在农业领域应用的另一重要目标。众所周知，棉花、小麦、马铃薯等作物非常容易受到害虫的侵害，而给农业带来极大危害，每年仅因虫害就使全世界损失数以千亿斤的粮食。在过去的几十年里，科学家主要是靠杀虫剂来抵御虫害。为减少杀虫剂的使用量，他们发明了许多方法，其中一种最有效的方法是借助苏芸金杆菌（Bt）来防御虫害。这种细菌能够产生一种杀虫剂蛋白，其高度的专一性及在植物组织中的定位，可以使其定向地攻击害虫。

20世纪80年代中期，科学家成功地从苏云金杆菌细胞菌中分离出了杀虫剂蛋白质基因，并将这种基因转入番茄、马铃薯和棉花植株内，由此克隆出的植株表现出了对鳞翅目害虫的特异抗性，而正是蝶、蛾等鳞翅目昆虫的幼虫构成了主要的农业虫害。后来，又将这种方法加以改进，并把培育出的作物放入大田进行试验。几年来的农田试验表明，这种棉花使棉花杀虫剂的使用量减少了40%～60%。

克隆更多的抗除草剂作物，也是当前克隆技术在农业领域应用的一个重要方面。杂草是农业生产的大敌，它对环境的适应性和繁殖力都比作物强，与作物争夺养分、水分、阳光等，致使作物产量下降。同时，杂草也是病原体和害虫的巢穴，是病虫害的传播媒介。在全球农业生产中，杂草每年使粮食减产10%左右。尽管使用除草剂是一种有效省工的除草手段，但除草剂致毒时对作物和杂草有所选择，作物的生长发育仍或多或少地受到除草剂的影响。因此，如果作物本身具备抗除草剂的特性，那除草剂的使用自然会更为方便有效。

经过科学家的不懈努力，目前已经克隆出了抗甘草膦、敌稗、镇草宁等除草剂的作物。1987 年，比利时的德布劳克将一种能分解膦的基因，转入马铃薯、烟草和番茄植株中，由此产生的植株具有十分强的抗除草剂能力，即使除草剂喷施量超过正常量的十倍时，该植株也不受影响。同年，美国的托普森等人从鼠伤寒沙门氏杆菌中分离出 aroA 基因，它的产物能有效地分解甘草膦。接着，孟山公司又把抗甘草膦的另一基因（EPSP 合成酶基因）转入大豆，也使大豆对甘草膦的抗性大大增加。

克隆技术在植物上的应用，就是把带有目的基因的外源核苷酸片段，引入到植物细胞或者组织中，并且再生出完整的转基因植株。早在 20 世纪 80 年代初，世界上就出现了第一株转基因植物。到了 80 年代后期，中国也开展了植物基因工程研究，例如，"八六三计划"研究的抗病虫害的棉花、烟草、玉米等良种都已大量克隆，在农业生产中正在逐步推广。

转基因番茄

由于球上人口在增长，而人均土地面积在锐减，这一对矛盾迫使人们不得不想方设法提高作物的单位面积产量。20 世纪 70 年代出现的"绿色革命"，已使作物的单位面积产量得到了大幅度提高。科学家们预测，基因工程技术的应用，将会使作物品种改良出现更大的突破。要在有限的耕地上解决人类日益增长的食物需求，只有依靠科学技术提高单位面积的产量，而农业科学植物育种是其中最有力的措施。

植物的传统育种与基因工程育种存在着很大的差异，常规育种的范围很小，只有同一种类或亲缘关系很近的种子才能杂交，例如小麦只能和高粱杂交。而使用了重组基因技术，就可以把外源的基因拿来，不管亲缘关系有多远，哪怕是微生物的基因、动物的基因都可以转到植物中去。例如将一些具有药用价值的基因转到土豆中去等。

总之，利用基因工程和克隆技术育种，可以大大简化育种的程序，扩大育种的范围，并且保持植物的多样性。

克隆技术能实现人类哪些梦想

克隆技术是生物技术领域中的一大"富矿"，科学家可以从中发掘出许许多多以往人们根本无法想象的"宝贝"。

在园艺业和畜牧业中，克隆技术是选育遗传性质稳定的优质果树和良种家畜的理想手段。有了克隆技术，保持优良品种的水果就变得十分简单：只要对遗传性质稳定的优质果树进行克隆，那么，由此生产的水果便与上一代一样，基本不会退化。这时，"保证质量"将不再是一句空话了。

在医学领域中，克隆技术除了制药以外，其它方面也具有十分诱人的前景。美国、瑞士等国已经能够利用克隆技术培植的人体皮肤进行植皮手术。曾经有一位美国妇女在一次煤气炉意外爆炸中受伤，75%的体表被严重烧伤。医生从她的身上取下一小块未遭损坏的皮肤，送到一家生化科技公司。一个月以后，该公司利用先进的克隆技术，培植出了一大块健康的皮肤，使患者迅速得以痊愈。这一全新技术避免了异体植皮可能出现的排异反应，给病人带来了福音。科学家们预言，在不久的将来，他们还将借助克隆技术制造出人的乳房、耳朵、软骨、肝脏，甚至心脏、动脉等组织和器官，供医院临床使用。

在繁殖许多有价值的基因方面，克隆技术也大有用武之地。例如，在基因工程操作中，科学家们为了让细菌等微生物"生产"出名贵的药品，如治疗糖尿病的胰岛素、有希望使侏儒症患者长高的生长激素以及能抗多种病毒感染的干扰素等，分别将一些相应的人体基因转移到不同的微生物细胞中，再设法使这些微生物细胞大量繁殖。与此同时，人体基因数目也随着微生物的繁殖而增加。在人体基因被大量克隆时，微生物也随之大量地"生产"出人们所需要的名贵药品了。

在基础生命科学方面，克隆技术使得对基因功能研究以往只能在小鼠身上进行，到现在在多种动物身上均可得到实现，这有利于更加清晰地揭示基因功能和生命本质；克隆技术提供了研究哺乳动物细胞发育全能性以及核质关系最有效的手段之一；克隆技术可以克隆出各种动物，从而提供基因型完全一致的实验动物，这有利于找到疾病的有效治疗方法，揭示发病的机制，并有助于抗衰老及其机制的研究。

克隆对生物多样性的影响

每年的 6 月 5 日是"世界环境日"。为了使地球成为人类、动物、植物和微生物共同生息繁衍、和谐相处的美好家园，联合国环境规划署向人类发出呼吁："保护地球上的生命刻不容缓。"

保护生物的多样性，即保护地球上的所有物种以及这些物种在所在环境的生态系统中的生态过程，保护遗传的多样性、物种的多样性以及生态的多样性。这一点对于人类以及整个世界来说，都有着不可估量的重要意义。那么，与生物遗传息息相关的克隆技术，对生物多样性到底有利还是有害呢？关于这个问题，专家们各持己见，各执一词。

持肯定观点的人认为，克隆技术对于生物多样性的保护是有利的，尤其是对于某些珍稀物种来说。克隆技术也许并不能使这些物种的基因增多，但却可以培育出更为优良的个体，从而提高这些物种在地球上的生存能力。这就好像对青、草、鲢、鳙四大家鱼，在经过多次人工繁殖以后，还要通过"提纯复壮"才能保证其后代的良种品质一样。

亲手创造出多莉的维尔穆特博士也说过，他二十年来从事克隆研究工作的真正目标，是试图找到更好的办法来改变家畜的基因构成，从而培育

150

出成群的、健康的、能够有效地为人类服务的动物。他的这一观点与新闻媒体所热衷的完全不同。他认为他的目标并不是培育复制品，培育克隆体，而是想精确地改变细胞的基因，而且他坚信基因是可以改变的，从而使动物生产出更好的肉、蛋、毛、奶，也可以使动物具备更强的抗病能力。

相反，持否定观点的人则认为，克隆技术对生物的多样性提出了挑战，并将人类推到了可怕的边缘。由于生物多样性是自然进化的结果，也是生物进化的动力之一，复杂多变的自然环境，要求有尽可能多样的生物来与之适应，这也使得生物在适应这个环境过程中丰富和壮大了自身，从而才有了今天包括人类在内的生物种群的大繁荣、大兴旺。同时，从无性繁殖到有性繁殖，又是形成生物多样性的一大基础，是有性繁殖所造成的遗传基因的突变和积累，带来了生物家族的昌盛。如果经过克隆技术仅保存几种生物品系，这样，一旦出现了毁灭性的基因突变，其后果将不堪设想，而多样性则保障了生物种群各个分支最大限度地增加生存的机率。这就是说，多样性就相当于一个数据库，多样性的程度越高，其发展的能量也越大。如果只有几个信息保存在这个"数据库"中，那么，生物的适应能力自然就会减弱，这也是近亲繁殖的生命个体为什么生存能力较弱的原因所在。

151

动物克隆技术促进畜牧业发展

克隆技术发展的最直接的受益者是畜牧业。畜牧业的效率主要来自动物个体性能和群体的繁殖性能。如果个体的生产性能好，用同样的投入可以生产出更多的产品；而群体的繁殖性能高，则会加快育种速度和减少种畜的数量，增加工作在第一线的动物比例，这些都会使经济效益大幅度提高。动物的生产性能和繁殖性能是由它们的遗传特性决定的，具有优良基因的动物有较好的生产性能。如优良品种的奶牛的产奶量，可能比那些较差或一般的奶牛高几倍甚至十几倍，这样的优秀个体一头就能抵得上几头、十几头，经济效益十分显著。如何能让这些优秀的个体的遗传基因尽可能多地遗传给后代，是科学家们想方设法要做的事。但在繁育后代时，来自父方和母方的遗传信息共同形成了后代的"遗传信息书"，这本"遗传信息书"虽然包含了父母双方的遗传信息内容，但这是一本全新的"书"，按这本"书"进行发育得到的动物，其特性显然不会与上一代完全相同，这样上一代的优秀基因可能在子代中不能很好表达。而且动物尤其是母畜，其繁殖能力是有限的，一生中能生出的后代并不多，这样，一头优秀的动物一生只能繁殖出数目有限的几个后代，这对其优良的遗传资源来说是一种浪费。为了增加优秀动物个体的后代数量，在克隆技术问世之前，科学家们采用了人工授精、胚胎移植、体外受精等技术。

在克隆技术出现以后，在动物繁育，扩大优良动物种群方面又增添了一个新的手段。首先可以通过胚胎分割的办法，把优秀的胚胎一分为二、一分为四，再使它们分别发育成完整的胚胎。但这种办法在实际生产中利用不多。

用胚胎细胞核移植技术克隆动物，从理论上讲可以使优良的胚胎无限增加数量。在实际中通过胚胎细胞核得到了连续移植三代的克隆牛，最多由一个胚胎发育出五十四个遗传上相同的克隆胚胎。利用这一技术，在 20 世纪 90 年代初期，世界各国得到了数千头克隆动物。但这种技术的弊端是无法将一个优良的动物个体复制下来，而只能克隆优秀动物的下一代。

体细胞核移植是使"多莉"出生的技术。这一技术为动物繁育勾画出一个美好的前景。利用这一技术就可以大量地复制优秀动物，扩大优秀动物的数量，这种技术与传统的育种技术结合，可以很快地改善种群的遗传结构。

生产"多莉"的罗斯林研究所所长布尔费尔德教授在英国下院科学技术特别委员会的听证会上表示：体细胞克隆技术将在五到十年内获得商业推广，将来有可能使 85% 的英国牛群由 10% 到 15% 的优秀种群无性繁殖来提供，这 10% 到 15% 的优秀种群仍由传统繁育方式生产，以保证遗传和变异。

动物克隆技术必将在畜牧业上发挥巨大的作用。

克隆技术打破种间隔离

克隆技术在克隆动物方面的应用曾取得了辉煌的成就。20 世纪 60 年代，英国剑桥大学进行了蛙胚胎核移植，获得成年蛙。20 世纪 70 年代，我国科学家童第周教授的鱼类细胞核移植工作，获得属间和种间移核鱼，使我国鱼类核移植研究达到世界领先水平。早期动物克隆研究均用两栖类和鱼类作材料，到了 20 世纪 80 年代，哺乳动物克隆研究逐渐开展起来。

1980 年，美国耶鲁大学的科学家将含有两种病毒的 DNA 重组质粒，以显微注射方式导入小鼠受精卵的原核内，培养出了带有这种 DNA 序列的子代小鼠。随后，华盛顿大学的科学家将大鼠的生长激素基因导入小鼠受精卵，也得到了基因组中整合有大鼠生长激素基因的小鼠，该小鼠的体重比普通小鼠高出了 2～3 倍。这就是 1982 年美国《自然》杂志上登载的超级小鼠，它被认为是哺乳动物克隆的开端。

超级小鼠是采用实验手段，将特定的目的基因导入其早期胚胎细胞并整合至它的基因组中，通过生殖细胞系再传给子代，由此得到的一种含有特定目的基因的新动物。从而打破了自然情况下的种间隔离，使基因能在种系关系遥远的机体间流动。可以说，超级小鼠的出世对整个生命科学产生了全局性的影响。它一时成为新闻媒体报道的焦点，一些著名科学家也纷纷撰文对其带来的生物学上的意义大加赞扬。

1986 年，英国科学家用绵羊的 8～16 细胞阶段的胚胎细胞作供体进行核移植，首次应用电融合方法克隆出一只小羊。此后，其他科学家也相继成功地克隆出小鼠、绵羊、牛、兔、猪和猴等哺乳动物。我国科学家也在 20 世纪 90 年代，成功开展了胚胎细胞克隆兔、山羊、小鼠、牛和猪等研究。以上这些实验中的克隆动物，都是用胚胎细胞作为供体细胞进行细胞核移植而获得成功的。

154

　　真正引起世界震惊的是，1997 年 2 月英国爱丁堡罗斯林研究所，经过 247 次失败之后，克隆成功的一只雌性小绵羊"多莉"。多莉是世界上第一个利用体细胞（乳腺上皮细胞）进行细胞核移植的动物，它翻开了生物克隆史上崭新的一页，突破了利用胚胎细胞进行核移植的传统方式，使克隆技术有了长足的进展。领导这项克隆实验的胚胎学家维尔穆特，也因此成为全球都非常关注的人物。克隆这个本来只在专业性很强的生命科学领域方可常见的概念，也瞬时在全球范围变得几乎家喻户晓。

　　克隆羊多莉的成功，从理论上说明，动物体中执行特殊功能、具有特定形态的高度分化的细胞，经过一定手段处理之后，可以与受精卵一样具有发育成完整个体的潜在能力。也就是说，动物细胞与植物细胞一样，也具有全能性。对这一成功，世界各国反响不一，有的看作福音，有的则视为祸水。我们认为首先应对新技术采取支持的态度，动物克隆取得突破，对生物遗传疾病的治疗、优良品种的培育和扩群等提供了重要途径，对物种的优化、濒危动物的种质保存、基因动物的扩群等均有重要意义。

　　克隆技术和基因工程的结合，也可以实现人类对家畜品种改良的愿望。利用克隆技术来培养大量优质、速生、抗病的优良品种，可以降低畜牧业的成本，提高生产的效率，大大丰富人们的物质生活。如，母马配公驴可以得到杂种优势特别强的动物——骡，然而骡不能繁殖后代，那么优良的骡如何扩大繁殖？最好的办法就是克隆。

　　当然，克隆技术在动物克隆方面的应用也可能带来负面影响。一些克隆动物在遗传上是全等的，某种特定病毒或其他疾病的感染，将会带来世界性的灾难。如果无计划克隆动物，会扰乱物种的进化规律，干扰性别比例，这种对生物界的人为控制，将会带来许多意想不到的危害。因此，世界各国必须采取相应的对策，制订科学的克隆计划，最大程度地避免克隆产生的负效应。

克隆人的是是非非

"克隆人"的前奏曲

哺乳动物克隆技术

哺乳动物，顾名思义，就是必须进行哺乳的一类高等动物，它们在分类上归属哺乳纲，其中又分为三个亚纲，即前兽亚纲、后兽亚纲和真兽亚纲。前兽亚纲的著名代表是鸭嘴兽，它是哺乳类动物中少有的几种卵生动物之一，当年恩格斯因为误认为它是胎生的而向它道过歉。后兽亚纲的代表则是袋鼠，是一类随身带着育婴袋的动物，其胎儿在母体完成部分发育过程之后，还要在这个袋子里多呆一段时间。当年英国殖民者见到这种怪物，不知是什么，便问当地的土著，土著说不知道。今天英语里袋鼠一词（Kangaroo）发成"坎加兽"，就是土著语言里"不知道"的意思。最后一类就是真兽亚纲，包括我们常见的马牛羊猪鼠猴等，人类本身也属于这个亚纲。它们的共同特点是真正的胎生，并且具有真正的胎盘，胎儿借此与母体接触。

和鱼类、两栖类一样，要想克隆动物，最大的希望仍寄托在核移植上。只要能把二倍体核移植入卵细胞并顺利完成发育过程，那也就算是成功地实现了动物克隆。对于哺乳动物，其卵子个子很小，本来小也没多大关系，偏偏它是少卵黄，卵子里面的卵黄少得可怜，对胚胎发育来说远远不敷使用。相比之下鱼类、两栖类的卵子就不一样了。一条鱼或一只青蛙的受精发育至幼鱼或蝌蚪，其所需的几乎全部营养均来之卵黄，甚至在幼体阶段，头几天里它们还是依靠残存的卵黄过日子，几天后才懂得开口向外面要东西吃。哺乳类动物的卵子的另一个缺点是必须在母体内完成发育过程，这对克隆工作来说也颇有不便之处，搞完核移植之后，还得替卵子找个安身之地，植入动物的子宫内壁，而鱼类和两栖类则不用这么麻烦，搞完之后基本上只需丢进水里就行了。种种因素，制约着哺乳动物克隆技术的发展。但是，由于科学家们不懈地努力，上述种种问题，目前均大体上能设法解决了。

1977 年，有人使用刚刚受精的小鼠受精卵，在其雌雄原核结合之前，将其中一个原核除去，这样，细胞中将只剩下一半染色体。随后再用细胞松弛素或其他能中止减数分裂的物质处理，使染色体加倍。经过这样的处理之后，有部分卵子仍能正常分裂并发育成胚胎，其中有少数几个最后发育成小鼠。这种实验严格来说不能算是克隆技术，因为仍有两性的结合过程。另外，其发育而成的个体基因也不是原来的基因，因为雌核或原核的染色体只是原来父方或母方的染色体的一半，在此基础上进行加倍，其基因型已经发生了很大的变化。所以，这个实验只能当成是雄核发育或是雌核发育。

到了 20 世纪 80 年代初，又有人将多细胞时期的小鼠胚胎的内细胞团的细胞核取出，注入已经除去雌、雄原核的小鼠受精卵中，同样植入子宫内，结果有部分胚胎能正常发育成小鼠。和上个实验相比，这个实验显然就进步得多了，因为它是用一个二倍体核来植入受精卵，虽然还不是严格的克隆，因为所用的是受精卵。但是，它第一次使人们看到，使用胚胎细胞进行核移植，可以同时培育出一批具有相同基因型的哺乳动物来。另外，实验中同时还使用了滋胚层的细胞进行核移植，发现其细胞核移入受精卵后，卵子均不能发育，由此证明哺乳类动物的胚胎中，只有内细胞层才具有发育的全能性，这对胚胎学也是一大贡献。

到了 1983 年，开始有人使用细胞融合技术进行类似试验并取得成功，Soitor 等首先使用病毒融合法，将已去除原核的卵子和外来细胞核或细胞融合。这种方法可以说是今天"克隆热"中所用的方法的鼻祖。

到 20 世纪 80 年代末，各种技术均又有所突破，特别是电融合技术的出现使得细胞融合的成功率大大提高。1988 年，美国科学家首次将牛 2～32 细胞时期的胚胎细胞与去核的卵母细胞相融合，转移到母牛子宫后，顺利产下了小牛。这宣告着人们从此可以只用一个受精卵而生产出一批批基因相同的动物了。此时，哺乳动物的克隆也变成现实。

然而，这种技术距离人们想象中的"克隆人"还有一段距离。人们很早就想象能否切下自己的一块组织，然后培养出一个与自己一模一样的人来呢？这用胚胎学语言来说就是实现体细胞的克隆。为达到这一目的，人类已走过一段漫长的路程了。历史似乎已注定 1997 年将是极不平静的一年，新年伊始，世界局势风云变幻，天上奇观迭出。生物学界似乎再也忍不住了，于是抛出了一颗原子弹——克隆羊"多莉"。这头具有特殊历史意义的小羊，在它呱呱落地之后一直处于高度机密之中，七个月后，也就是 1997 年 2 月底，小"多莉"才首次对外亮相。一时间，克隆之声四起，这个已经差点被人们遗忘了的名词一夜之间成了最时髦的词儿。紧接着，各国科学家也凑热闹似的纷纷宣布他们自己的克隆成果，有克隆牛、克隆猴、克隆猪等，到了 3 月初，瑞士又有一小报传出新闻，说是有个医生由于偶然原因，克隆了一对孪生子，次日又被否认。

这头羊究竟是否应该引起如此大的轰动呢，对此也是众说纷纭。若是单纯从它使用卵细胞来进行克隆这件事看来，不应该有什么大惊小怪的。因为早在十年前，科学家们就这样做了。但是，这头克隆羊的进步之处在于，它是世界上第一个实现哺乳动物同代复制的成功例子。以往的哺乳动物克隆技术只是在胚胎时期的复制，如果应用于人类的话，至多只能像瑞士的小报记者所说的那样，制造出一批多胞胎似的婴儿，若是要复制希特勒的话，则只能回到希特勒出生前的时代，找到正在怀孕的希特勒的母亲，将那个将诞生为希特勒的胚胎取出，一一切割之，移入另外的卵子中，这样就会同时得到许多希特勒的同胞兄弟了。如今可就不同了，只要找到希特勒的活细胞，就有可能复制出几个希特勒了。还是用刚才那句行话来表达比较简洁："多莉"是世界上第一头使用体细胞进行复制而来的哺乳动物。

那么，这头震惊世界的羊是怎样来的呢？原来，这头羊的制作方法和我们所讲的美国克隆牛可谓大同小异。同样地，先从一头母羊（这头母羊是黑脸的）体内抽取出一个成熟卵子，然后在显微手术的条件下将其细胞核抽走，保留原有大部分细胞质，这样，这个卵子就成为一个无核的卵子。然后再从另一头母羊（白脸）的乳腺中切下小片组织，经过一段培养之后，从中取出单个的乳腺细胞，注入已去核的卵子的透明带内，这样，两个细胞就挨得很紧了，在电融合条件下，两个细胞将会发生融合。所得到的细胞复合体中，核是来自白脸绵羊的，细胞质则主要是来自黑脸绵羊的。将这样的复合细胞在体外继续进行培养，有的将会发生分裂。培养至多细胞时期（约 6 ~ 7 天）再植入另一头母羊子宫中，最后将会有部分胚胎能正常发育成小羊。不过，由于技术条件的限制，目前这种方法的成功率还很低。据报载，同一批进行融合的卵子共有二百多个，其中只有"多莉"顺利地渡过道道难关，来到这个丰富多彩的世界。

由于目前还未公开研制这头羊的过程中的技术细节，因此还很难说具体的操作是如何进行的，成功的技术关键如何，也很难说清楚。从现有资料来看，主要的突破可能是在这个乳腺细胞的培养上，因为要使一个细胞的细胞核具备指导胚胎发育的能力决非易事，必须对其进行一系列调控，类似植物组织培养那样进行"脱分化"。一个可能的方法是使细胞在培养过程中处于一种半饥饿状态，用适当的化学、物理因子进行调控，使其恢复到细胞周期中的"GO"（停止细胞分裂）时期。这样，从基因表达的角度来看，核基因的开闭状态将类似于胚胎时期的细胞核，将有可能在一个去核的卵子中完成指导胚胎发育的任务。

对于"多莉"诞生一事披露之后，新闻界的各种报道令人感到困惑，除了克隆羊外，各地也纷纷报道并大肆吹捧自己的克隆动物。在目前报道的所有克隆动物中，除了这头克隆羊，其他的均是使用胚胎细胞克隆出来的。胚胎细胞核移植工作早已开展过，即使是在哺乳类中也早已成功了，并不是什么新闻。我们前面提到的1988年的克隆牛就是一个例子。实践证明，用哺乳类动物的胚胎细胞进行克隆相对来说要容易得多，并且只在动物育种方面有意义。

还有的报道认为，今后一旦"克隆人"成功，世界将会是中性世界。这也不对，既然用雌羊的乳腺细胞可以克隆出一头雌羊，那么雄羊的某种细胞也应可以克隆出雄羊来。推而广之，若是科学家们能克隆出女人，同样男人也可以克隆出来，其中并没有任何不可逾越的障碍。

可怕的艺术世界

1932年，托马斯·赫胥黎出版了一本科幻小说《奇妙的新世界》。托马斯·赫胥黎是托·亨·赫胥黎（达尔文的战友）的孙子。这部小说描写这样一个社会，其中人类的生殖完全在试管、器皿中进行，由人对卵子和精子进行操纵，按照社会的需要生产出不同类型的人。如机器操作工人不需要太多的智力，在生产他时就可少提供一些氧气。同一类型的人都是一样的，没有差别的，因为通过操纵可以从一个卵中生产出96个人。因而不需要家庭，生儿育女、抚养、教育等职能全由社会负担。男女之间可以发生性关系，但必须使用避孕药，禁止自然妊娠。所以父母子女关系也不再存在。这样就可以实现一个"一致、同一、稳固"的社会理想。但具有讽刺意味的是，这样产生的人仍然有追求爱情、家庭、亲子关系的欲望。而这种秩序的最无情的维护者却原来曾与一个以同样方式产生的女人，在访问异国他乡时发生了情爱，并生这个女人以自然妊娠方式生下了一个儿子。而他害怕遭到惩罚，把母子俩遗弃在异国他乡。作者以深刻的洞察力预见到今天生殖技术的发展及可能引起的社会和伦理学问题。现在论述生殖技术的社会、伦理、法律方面的著作或在新闻媒介上发表的有关报道，许多都要提到这本小说，甚至用这本小说的题目作为标题。

如果无性生殖技术被滥用，无异于打开了"潘多拉盒子"，灾难与罪恶将搅乱人世。无数人在想，如果有人事先保存了希特勒的细胞，通过这项技术复制出多个希特勒，后果不堪设想。事实上，已经有一部名叫《纳粹大屠杀》的电影做过上述预测。更不用说由这一先进技术所带来的一系列伦理问题。

早在1978年，一部外国科幻片《来自巴西的男孩》就描述了一个可怕的故事：第二次世界大战末期，德国顽固的纳粹势力从希特勒身上切下一块皮，利用发达的基因工程复制了94个小希特勒。这94个小希特勒在与希特勒类似的家庭环境中长大后，相互联手，呼应支援，险些复辟"第三帝国"，幸被制止。

前些年的《侏罗纪公园》让人们至今记忆犹新。《侏罗纪公园》本是美国哈佛医学院毕业的两位博士撰写的科幻小说，后被改编成电影，搬上银幕。不仅轰动了影坛，也使世界震惊。该影片描绘了一些不负责任的科学家和唯利是图的商人，从一块琥珀中的蚊子嘴里找到了恐龙的遗传物质——DNA，并用复制的DNA制造出许多活的恐龙。结果一场灾难降临给人类的可怖情景，使人观后心有余悸。

美国人罗维克1978年写了一本轰动一时的畅销书《人的复制——一个人的无性生殖》，它描

希特勒

写一位美国百万富翁，名利都有了，但最终避免不了死亡，于是想以无性生殖的方法得到一个与他一模一样的复制品，作为他的后代。后来在记者的帮助和科学家的努力下，几经曲折终于实现了他的愿望。

160

1997 年春节之后，我国中央电视台播放的美国影片《科学狂人》，描绘的则是一位生命科学家"复制自我"成功，结果"复制人"给人类带来种种麻烦的情景，看完真令人毛骨悚然。

众所周知，臭名昭著的战争狂人希特勒在第二次世界大战时曾提出日耳曼民族是优等民族，而其他民族是劣等民族。遗憾的是，当时的德国遗传学家百分之百都支持希特勒的这一理论，并为此付出了沉重的历史代价。难怪一个二战调查组曾这样说：一个普通的德国遗传学家比十个盖世太保的罪恶还要大。然而，"克隆人"技术的出现有可能再度激发这种思潮的复活。某些政治家、社会活动家、思想家、科学家、影视明星和貌美体健者有可能在权力、金钱、优越感的支配下去复制自己，不论复制人在智能、体能和才能上是否与"原版人"相比拟。同时，芸芸众生在自我主体意识怂恿下，一旦条件许可，大概都会跃跃欲试。历史教训告诉我们，这不是推理，也不是胡猜。想当初，在"精子银行"（即"精子库"）和"卵子银行"中，一些诺贝尔奖得主和影视明星的精子和卵子不是成为抢手货吗？谁又能保证"克隆人"不会成为抢手货呢？

英国科学家成功复制一头羊的消息传出之后，尽管许多人表示复制人类是不道德的，但同时，在英国被人称为"多莉之父"的维尔穆特 1997 年 3 月 3 日告诉德国《明镜周刊》的记者说，"我和我的同事这几天来已经收到了数百封要求尝试自我复制的群众来信，其中大部分是女性写来的。"对此维尔穆特称，"我的研究小组不会对人类无性生殖进行临床验证，因为从伦理角度看是不能接受的，我们也不会这样做。在英国这是犯法的，况且要将它变成可能还需要大量实验。"

实际上，人都不是十全十美的，每个人都可能是一种或多种疾病基因的携带者，只是绝大多数人的疾病基因没有表现出来，而是在那些病残者身上表现出来。人们应该感谢这些病残者，是他们为人类承担了不可豁免的和痛苦，并为科学家认识基因和分离基因作出了贡献。比如，如果没有色盲患者，科学家就不会知道人体中存在辨别颜色的基因；没有肥胖患者，科学家就不会知道有肥胖基因并最终分离到它。

161

"克隆人"是什么

意大利著名的"克隆狂"安蒂诺里曾宣布，克隆胎儿将于不久问世。北美一个称作"雷尔运动"的邪教组织也曾宣称，将在近期"隆重推出"世界上第一个克隆人。2003年第一期《发现》杂志已把2002年"命名"为"克隆年"，理由是克隆技术已经进入了克隆人的阶段。一时之间，举世震惊。那么，什么是克隆人呢？

要弄清楚"克隆人"是什么，我们先得搞清楚"人"指的是什么意思。这是一个看起来简单其实并不容易回答的问题，虽然我们人人都是"人"。人是社会关系的总和，人是细胞的集合，人是特定的基因组合，人是有思想的高等动物……

安蒂诺里

不同的学者可以从不同的角度作出不同的答案。

如果说"人"只是指特定的基因组，或者指"生物学的人"，那么，应该说"克隆人"是与他们的父体或者母体完全相同的。

但是，"人"不仅仅是在系统发育谱上属于脊椎动物门、哺乳动物纲、灵长类、人科的"人"，人还是心理的"人"、社会的"人"。初生婴儿的神经系统是没有发育完全的，只有在他的神经系统产生后与他人的交往中、在社会环境中逐渐发育成熟，才能形成具有特殊心理、行为以及社会特征的人。世界上曾发现过不少狼孩，如果一对双胞胎婴儿中的一个生活在正常的人群中，而另一个则生活在狼群中，其结果会怎样呢？我们一定会发现一个婴儿正常地生长发育，而另一个则会染上狼的习性，撕咬抓挠。

因此，人是生物、心理、社会的集合体，人具有在特定环境下形成的特定人格。这个集合体，这个具有特殊心理、行为、社会特征的人，这个特定的人格，是不可能复制的，也是完全克隆不出来的，因为它不是在先天的基因上存在的，而是在后天的实践中产生的。

所以，克隆出来的人只是与他们的母体有相同的基因组，而不是与母体一样的人。从这个意义上说，即使是多莉，由于它生长的环境与母体存在着区别，它们诞生的时间不同、空间不同、吃的草也不同，或许它与母体具有相同的基因组，但很可能会存在与母体不同的特点。

到底如何克隆人

1997 年 5 月，国外又有新闻说，有家私人组织以 5 万美元的要价公开提供"克隆人"服务。接着，联合国卫生组织呼吁各国政府迅速加强限制克隆技术应用方面的立法。一时间，我们似乎感到"克隆人"正在迈着轻快的步伐跟在"多莉"后面向我们走来。

不妨来作这样的大胆假设，即现在法律上已允许我们做克隆人类的试验，并且有关部门也提供了充足的经费，投入了足够的人力物力支持这件事，那么，按照现有的技术水准，克隆人会有一些什么过程呢？让我们假设一下。

首先，我们必须为这个实验准备好供体材料，即选择克隆的对象，或许可以选择一个比较伟大的人物的体细胞来进行克隆（这样做是否恰当这里暂不讨论）。可是，目前我们能随心所欲地想用哪一种细胞都行，小"多莉"使用的是乳腺细胞，在人类克隆实验中行不行，那还说不定。因而只好找猴子这种与人亲缘关系最近的动物来作试验。顺便提一句，山姆大叔们凑热闹提出来的那两只克隆猴是用胚胎细胞的，与绵羊"多莉"的技术还差一点。所以我们还需从头做起，利用动物试验来确定供体细胞的取材部位，然后才可以开始在人类自身进行试验。要不然，伟人的身上各处均被你乱割一通，不恼才怪呢。

接下来我们假设仅使用口腔粘膜上皮细胞就能在猴子中实现体细胞克

163

隆。因为这样最容易取材。只须不痛不痒地在嘴巴中乱割一通就可以得到一群基因型相同的细胞和许多非细胞成分。接着还得将细胞从一堆杂物中分离出来，然后才能开始培养。

在进行培养之前还须找几头刚出生的小牛，并且最好是十分健康的小牛，用来抽取血清供细胞培养之用。读者可能会问，不是说已经有了无血清培养基了吗，干吗还要用小牛血清呢？无血清培养基确实有，可是还不够完美，像克隆人实验这一类场合到目前为止还非用血清不可。血清不仅十分昂贵，而且实验重复性也比较差，但也没有别的办法。故在"克隆人"出世之前，已有好几头牛死于非命了。

有了配制好了的培养基，就可以开始培养人细胞了，若是要看细胞生长分裂什么的，应该很容易，但要把细胞培养成可以在和卵子相融合后发育成胚胎的细胞可不那么容易。首先必须让它们从生长分裂这个循环中退出来，即退出细胞周期，进入所谓 GO 期。细胞周期的产生是由细胞周期蛋白所控制的，可惜目前还不能直接控制细胞内这种蛋白质的浓度，也不能控制其合成，怎么办呢？可以让这些细胞核挨饿，让它们有了上顿就没下顿，也就不会整天分裂个没完没了。怎么个挨饿法呢？据说在克隆羊时是靠逐渐减少培养基中血清含量来达到这一目的。相信在人细胞培养中也可以这样做吧，逐渐将培养基中的血清含量减少到最低限度，结合其他调控因素，可以使部分细胞进入 GO 期。

接下来还有一件比较棘手的事，即如何获得卵子。人类在其一个性周期（即月经周期）中只排一次卵，正常情况下只有一个。对科学试验来说仅用一个样品来做实验永远是不科学和不保险的。于是我们不得不另想办法，要么就使一次排卵的卵数增加，要么就多找几个人来参加试验。

使人一次排卵的卵数增加的技术早已有之，特别是在试管婴儿技术中更为常用。医学上在治疗不孕症或其他内分泌失调之类的疾病中也常使用某些能促使排卵数增加的药物。有时候不小心用过了头，哗的一声排了很多，这下子了不得。如果这时候有几个卵子都受精的话，就会造成异卵多胎现象。这几年我们不时在报纸上看到有七胞胎甚至八胞胎的报道。这可

164

不是一件好事，僧多粥少，这样生出来的小孩个子肯定特别小，不易存活。

不过，有了这种技术，促使参加试验者多排几个卵也就不成问题了，起码排十几个应没问题，然而还不够用，于是还是得多拉几个人来帮帮忙，终于凑够了数。

药是用了，怎样取出卵子来呢，又是一个大问题。别急，科技人员在做试管婴儿试验时就有这方面的经验了，大不了开她一刀，在显微镜下取出那一个个直径仅约 0.1 毫米的卵子。

接着，还要将卵子进行去核处理，这卵细胞虽然是细胞家族中的大个子，但也大不到哪里去，仅 135 微米而已，核就更不用说了，大概是 30 微米左右。于是又在显微镜下工作，用直径几十微米的吸管将卵子的细胞核吸出，说起来是简单，可做起来并不容易，一不小心动作太大的话，肯定核没有吸出反而把卵子搞坏了。

经过此番折腾之后剩下的就是去核了的未受精卵，于是就可以拿它来和已培养过的细胞融合了。在一股脉冲电流的作用下，慢慢地，两个细胞开始融为一体。有时候两个细胞是靠在一起了，却双双撒手西去，融合不了。这样，有许多伟人的细胞就白白浪费了。

然后，科学家们又开始培养已融合了的细胞，其中，有一部分细胞开始进行分裂，一分二、二分四地分裂下去，形成一团桑椹状的东西，如果再分下去可就在培养基上活不了啦。于是大家急忙把它们移回人体内。从哪里来的，最好就回哪里去，以免产生异体排斥反应之类的麻烦事。

移进子宫的胚胎也不定就个个顺利发育下去，有的可能着床失败，也就一命呜呼了。那些运气好一点的就会发育下去，接下来的事是很常见的啦，经过约 280 天的妊娠期，除去那些胎死腹中的，其余的胚胎均顺利发育成一个个小伟人，他们一个接一个地出世了，有的面生七窍，也不会缺胳膊少腿的。其中，他们有的确实很像伟人小时候的样子。

读者们请千万不要以为上述仅是一篇戏谑之作。现实是，动物克隆技术还是极端不成熟的，几年内也无法有什么大的进展。如果真的有人要克隆自己的话，恐怕得冒许多次失败的风险，最终得到的还可能是许多奇形

165

怪状的人，所以请有此类兴趣的人三思。对于动物的克隆，失败了也许可以说是很遗憾，可是，对于人类，克隆的失败意味着死胎、流产、畸形儿的出现。不知有谁敢把畸形儿当成实验动物处理掉，因为这样做的话社会压力可就不小了。所以，我们想说的是，现在克隆人技术不够成熟，结果可能是适得其反。

那么，是不是待技术成熟之后就可以大量克隆人了呢？我们的观点是，即使动物体细胞克隆技术完全成熟了，也不可以贸然去克隆人，尤其不应该大批量地复制同一个人。抛开伦理道德方面的问题不谈，单纯从生物学的观点来看，这样做也是十分危险的。

支持克隆人的观点

首先，克隆人为不育夫妇拥有后代创造了条件。对于一对患有不育症的夫妇，虽然可以采用不同的方法产生后代，如人工授精（男方不育）、体外受精（女方不育）或者代理母亲（女方不能怀孕）等解决。但是，如果夫妇双方都不愿意，也不愿意领养别人的孩子，那么，克隆技术将是又一种选择，虽然这项选择会带来消极后果。

其次，可避免遗传疾病的危险。若有一对夫妇，其中一个患有严重的显性基因疾病，另一个则是健康的，他们想要自己的孩子，不愿意用供体卵子或供体精子，也不愿意领养别人的孩子。这样，克隆便成了他们的一个适宜的选择。

第三，通过克隆技术可以提供大量遗传性状完全相同的人，用于本性及教养对人的品性的作用等的研究。但是，这样做却存在着伦理方面的问题，因为克隆人其实也是人，也是具有人的尊严的。我们不能为了研究的目的而将他们生产出来，然后强迫他们成为各种研究的对象。

第四，是生产每个人的胚胎复制品，并且冷冻起来，需要时作为备用器官的来源。由于器官移植存在着排异问题，只有同卵双生子不存在排异性，而同卵双生的概率很小，即使双胞胎也不都是同卵双生的。而克隆人的器官移植后就不会发生排异问题。但是，这个理由也同样存在着伦理问题，因为克隆人也是人。

第五，可复制伟大的天才或绝代佳人，以提高人口的素质。但是，以什么标准来判定谁是"天才"、谁是"佳人"却因人而异。如果我们硬要进行这样的分类，将人类分成哪一类值得克隆，哪一类不值得克隆，岂非与纳粹所宣扬的"优生"殊途同归？

此外，还有人提出克隆人是人类自己选择的某一特定基因型的后代，可控制未来后代的性别，可生产完全一样的人从事某些特殊职业，如侦探、宇航员等等。

希望克隆自己的人

当多莉的消息传遍全世界之后，罗斯林研究所就门庭若市了。其中有新闻记者，有科学家，有政府官员，也有希望能早日克隆自己或自己亲人的人。虽然大多数人对克隆人类持否定态度，但是前来要求克隆的人却也不少。

在长长的登记表上，有一对夫妇，他们是特意坐飞机从远处赶来的。希望科学家能克隆一个他们六岁的女儿。因为他们的女儿患有恶性血癌，只有进行骨髓移植才能挽救她的生命，这就必须找到合适的骨髓捐赠人，在现实世界寻找十分困难，除非她有一个一模一样的孪生姐妹，但她没有。因此，这对夫妇希望罗斯林研究所能帮助他们，让他们在十个月以后有一个与女儿一模一样的女儿，让她来挽救六岁女儿的生命。

登记表上有一个当地的企业家，他并不是为了孩子，而只是最近他的自我感觉非常不好，希望借助克隆技术复制一个自己，拥有他的姓名、他的外貌、他的一切遗传特征。并且声称，如果第一个克隆成功的话，他还想再克隆几个。

另一个预约者是一名享有盛誉的物理学家。他现在重病在身，如果他死了，那么，科学研究中最伟大的发现之一就将随他而去，他希望克隆技

167

术能使他死而复生，继续他的物理学研究。一个小国的君主的名字也出现在登记表中。他统治自己的国家已经三十多年了，年龄不饶人，他不得不准备让位与他人了，这一点令他十分烦恼。如今，克隆技术的日趋成熟使他及他的臣民们有了心理依托：当他们的君主离去以后，将会有另一个与他一模一样的君主来执掌大权。

由此可见，世界上的确有些人是非常乐于克隆自己的。对于他们来说，他们认为这个世界离不开自己，自己理应为这个世界发挥更多的作用。他们都是一些自我感觉非常好的人。

反对克隆人的呼声

有人以宗教的理由来反对克隆人。认为生儿育女由上帝安排，人类不应自身加以干预。但是，人们为什么不以同样的理由来反对避孕、人工流产、计划生育和其它生殖技术？

有人认为生命的奥秘是神圣的，人类不应干预。但是，人们为什么不以同样的理由来反对其它一切生物学和医学的研究和技术？

有人提出克隆人会导致人类基因库的单一性，多样性的丧失对人类是不利的。但是，如果我们只克隆少数人，不就不会使人类基因库丧失其必要的多样性了吗？

反对者中享有盛名的墨斯廷斯医学伦理研究中心的埃里克·帕伦斯则认为："只有傻子才不会对此感到震惊，我们对这些科学家取得的这项成果感到惶恐不安。"达特茅斯大学的伦理学家埃德·伯杰认为："由此而产生的道德伦理问题太难解决而太让人提心吊胆了。"英国科学家约瑟夫·罗特布拉特说："我们担心的是，在人类科学领域取得的其它进展可能会比核武器更容易产生严重的后果，遗传工程很有可能就是这样的一个领域，克隆技术一旦被滥用，社会将陷入无穷的罪恶之中。"

在众说纷纭中，反对、禁止克隆人的呼声占了主流。

1997年11月11日，联合国教科文组织大会在法国巴黎通过了指导基因研究的道德准则性文件——《人类基因宣言》，要求禁止克隆人等损害人类权利和尊严的科研行为。这份宣言对现代生物工程的不断变化和发展表示关注，认为每个人身上的基因物质是人类的共同遗产，不应成为营利的手段。只有在对可能导致的利弊进行透彻分析，并且得到当事人的同意后，才能开展有关人类基因的研究。同时，当事人有权知道研究试验的结果。由世界上著名的法律专家和科学家组成的一个国际生物道德准则委员会，与世界各国政府进行反复磋商而起草的这份宣言，在道德和基因科研之间建立一个平衡。

有人提出克隆人会破坏家庭结构的完整性。同上面一个问题一样，只克隆少数人不就不会破坏社会的家庭结构了吗？

也有人提出克隆人的法律地位难以确定，克隆人与他们的供体人是亲子关系还是兄弟姐妹关系？其实这也不难解决，可以由立法机构来确定，也可以通过全民公约来确定。

反对克隆人的关键是：克隆人也是人，不能仅当作别人利用的手段或工具。他们应该得到尊重和公平对待，不应该受到伤害。克隆技术可能造成严重的负面后果，由于人体体细胞是否正常难以鉴别，体细胞需要放在培养基中加以培养，而培养基的理化环境可能对体细胞有负面影响，因此可以预计到时会出现相当多的畸形、缺陷甚至怪异的克隆人。他们一旦产生，人们该怎么办？即使正常的克隆人，长大发育成人以后，可能不愿意做我们原来要他们做的事情，人们该怎么办？如果辛普森说"我前妻及其男友的被杀不是我干的，是克隆人辛普森干的"，人们究竟如何对待辛普森？如果生命可以很容易复制，我们所要担心的是个人的"基因组"如何保护的问题。事实上以目前情形，大概可以断定这将是最无法受到充分保护的版权——因为任何人基于某种原因或某种企图，想要取得你身上的完整细胞核，简直是易如反掌，毫不费吹灰之力就可以拿到！譬如说皮肤屑、掉落的毛发、血液、唾液等等。

如果一个人很爱慕对方，但又无法如愿以偿的时候，是否会想去弄一点她（他）的基因组，找个医生或科学家将她（他）复制重现，并据为己

169

有？另外，是否有人会因为忌妒仇恨，特地将对手复制出来好加以虐待，以渲泄心中的不满情绪？这些都是值得去深思的问题。

各国政府的态度

1997年2月27日，多莉诞生后，人们在欢欣激动之余，不免又生出了更多的担忧。如果将来有人利用这一技术复制出大量像希特勒这样的杀人魔王怎么办？即使不复制人，复制出大量可怕的怪物也会给整个人类带来不可想象的灾难。

美国总统克林顿下令，立即从伦理学角度研究克隆技术在法律和伦理方面可能造成的影响，并要求研究小组在九十天内向他提交研究报告。德国研究部长和法国农业部长都明确表示，反对进行人体克隆技术研究。

1995年诺贝尔和平奖获得者，著名核物理学家罗特布拉特，把克隆"多莉"成果与首颗原子弹爆炸成功相提并论。他认为，同核技术一样，克隆技术在为人类带来巨大利益的同时，如被滥用或稍有不慎，就会成为毁灭人类的武器。就好像神话中的潘多拉魔盒，一旦被打开，恶魔逃出，这个世界就再无安宁之日。

"多莉"绵羊诞生的消息披露后，在英国本土也引起了震动和激烈的争论。英国医学研究领域的权威人士尼克尔森博士不无忧虑地说："克隆技术有显而易见的危险，因为对羊这样的哺乳动物克隆成功后，人们只需再作进一步的努力就能利用同样的方法繁殖人类，这显然涉及到了巨大的伦理与道德问题，这是令人无法容忍的。"虽然，在英国早已有法律禁止人类进行无性繁殖研究，但英国科学界担忧，英国不进行人类克隆试验，不等于其它国家、其它地区也绝不这样做，在立法不健全的国家或法制薄弱的国家和地区不会受到任何约束。他们认为，一旦这项技术落入不负责任的人手里，就如同原子弹落入战争贩子手中，其后果同样是灾难性的。

尽管科学家在无性繁殖方面取得了新的发展，但这无论在法律上还是在伦理上，都提出了新的问题，应当慎重对待。

德国研究技术部长于尔根·吕特格斯，呼吁科学界应以高度负责的态度对待基因技术，表示"复制人将不被允许，也一定不会发生"。

法国农业部长警告世人：遗传科学可能会生产六条腿的鸡。如果英国在克隆绵羊上取得的突破导致对自然的怪异实验，法国将采取更严格的控制措施。

加拿大政府下属的生物伦理学小组委员会负责人要求采取紧急行动，以制止对人类基因进行操作。

日本学术审议会也决定禁止使用公共科研经费研究人体克隆。

阿根廷议会甚至已经开始讨论给从事克隆人的科学家判多少年刑的问题了。

1997年3月19日，中国卫生部部长陈敏章，在关于克隆动物的专家座谈会上明确表示，中国坚决反对利用克隆技术进行克隆人的试验。

1997年5月13日，世界卫生组织年会通过一项决议，宣布克隆人的行为是"不能接受的"。

还有一些专家指出，不能仅靠科学家自觉不搞这种研究，需要立法禁止任何人从事人体无性繁殖的研究。

平民百姓对克隆的态度

除了国家首脑，平民百姓对克隆的态度又是如何呢？

美国《时代周刊》1997年3月10日公布了一项民意调查，在"如果你有机会，你会克隆你自己吗？"这项调查中，持肯定答案者占7%，持否定答案者为91%；在"克隆人类违背了上帝的旨意吗？"一项中，同意者占74%，不同意者占19%；在"相信联邦政府能够管理好动物克隆吗？"一项中，相信者占65%，不相信者占29%。由此可见，美国民众对克隆人体绝大多数持否定态度，而对人类能够控制克隆技术则比较乐观。

在中国，公众对此亦反应热烈。

上海的《新闻报》与"赢海威时空"联合开展了一项网络调查，98%

171

的人表示"此事与我相关"，53%的人对21世纪人类能否正确利用无性繁殖技术表示乐观（其中11.43%的人要求坚决捍卫伦理；88.57%的人的心理天平明显偏向科学），有32%被调查者有"试着克隆一个人"的想法，21%的人"想过克隆一个自己"，51%的人预测"21世纪会出现克隆人"。在回答调查"如果出现克隆人，应该如何对待他"的问题时，选择"承认现实，给予克隆人以人的待遇"的占54.29%；保持沉默的占10.17%选择"划出一块地盘，把克隆人与我们分开各过各的生活"一项者占4.29%；保持沉默的占10.17%选择"毁灭他"一项者占8.57%；保持沉默的占10.17%选择"我也不知道如何对待他"一项者占22.68%；保持沉默的占10.17%。

也许，我们从这些百分比中已经领略到了克隆对人类传统观念的冲击，科学技术在此已突破了它固有的领域，就像原子弹的发明已不是科学家个人的事，它关系到战争、和平这些影响人类历史进程的大事。无性繁殖正因为触及了人类作为一个种群绵延发展的基础以及赖以建立起来的人类社会中的结构、伦理、道德、价值，当然不能不使人们从人类的科技进步，进而思索由此带来的更为尖锐和复杂的问题。

科学技术是双刃剑

科学技术是一把锋利无比的双刃剑，科技进步是一首悲喜交集的交响曲。

20世纪的科学技术，在为社会造福的同时，也给人类带来了诸多的负面影响。爱因斯坦著名的"质能方程式"是科学史上伟大的发现，原子核能从此被开发出来了。但是用于战争的原子弹又使人类自身蒙受了多少灾难，破坏了多少文明，使人类遭受了多少苦难。这并非原子能的错，而是错在人类将它用于战争。

科学技术研究的是自然界和人类自身的奥秘。有益的科技行为可以造福全民族、全人类；反之，则为灾祸。所以科学技术亦具有道德责任。当爱因斯坦看到原子弹显示出的巨大毁灭力量时，曾深感痛悔。控制论之父，

172

美国科学家维纳在他的《控制论》一书的序言中说：科学技术的发展具有为善和作恶的巨大可能性"。维纳看到控制论存在着"为善"和"作恶"这两种相反的社会作用，但却无法使"为善"的作用都能实现，而把"作恶"的方面予以消灭。为此，他觉得自己虽对这门科学作出了贡献，但却站在一个至少是令人不安的"道义的位置上"。对科技道德责任的关心和争论，是 20 世纪初期以来科学家普遍关注的话题。有些学者甚至认为："科技时代现已成为一个伦理的时代。在这个时代里，重新评价责任和义务在高尚道德活动中的作用，是一个主要的伦理问题。"

生物技术的日益进步，使得科学技术这把双刃剑更加锋利。

1973 年，美国生物学家伯格，在他的实验室里用 DNA 连接酶，把两种不同来源的 DNA 片断相互连接，产生了一种自然界中原来没有的新的 DNA 杂种分子，这一成就标志着"遗传工程"的诞生。伯格意识到，遗传工程一旦应用于实际，便会产生不同的结果，诸如改造生物体、创造新物种、制造生物武器或遗传武器等等。为此，他深感责任重大，于是便果断地中止了自己进一步的实验，并于 1974 年联合美国的其他一些分子生物学家，一致要求在没有确定有效的安全对策之前，暂停某些 DNA 的重组实验。今天，仍有一些美国生物工程专家认为，生物工程是一项未知的风险，为了避免引起祸害，应该制定出必要的管理计划与伦理规范，以暂时阻止那些后果尚未得到确切了解的遗传工程实验。从人类利益出发，选择科研课题的主张，既是一种科技的选择，也是一种科技道德的选择。即使科学家暂时没有意识到这种选择的存在，但与人类休戚相关的科学成果的公布所引起的反响，也会使科学家重新认识这些问题。

1993 年 10 月，在加拿大蒙特利尔召开的一个以生育为主题的世界学术会议上，美国华盛顿大学遗传工程博士杰里·豪宣布，他们切割被遗弃的人体胚胎进行发育实验，并在体外培养了一段时间。消息一出，举世哗然。翌日，华盛顿大学就接到 250 个电话。法国总统密特朗听到后说："我感到毛骨悚然。"有人还指责杰里·豪的工作将导致买卖复制婴儿的市场出现。杰里·豪没想到这一结果会引起如此轩然大波，最后，他只好无奈地表示：

173

"我尊重人们的感情、态度与观点，但我的实验并没有想对人类生命进行重造或者破坏。"由此可见，科学家的工作不仅是其个人的，也是全社会的。在社会越来越具有科学性的同时，科学也正越来越具有社会性。

这也正是前面所说的一系列令人担忧的科学发明没有引发更多恶果的原因所在。我们也应该看到，高科技的迅速发展对人类自身的伦理道德提出了愈加严峻的挑战。科学和伦理的争论肯定会贯穿 21 世纪。由此看来，如何理智地驾驭科学发现和成果，使其更有效地为人类自身服务，实现可持续发展，必将成为包括罗斯林研究所的科学家们在内的所有科技人员的重大课题。当然，也必须得到政府和社会及法律的支持和保证。

由上面的讨论可见，由于现代生物高技术的介入，生命过程出现的伦理道德理念的歧化、异化、杂化和非人性化倾向逐渐显露。如基因重组和基因治疗、无性繁殖、人工授精、体外孕育、胚胎移植和器官移植等，无不如此。任何一项生物医学新技术诞生之后，总会伴随着伦理之争，这是人类自觉规范自己的明智之举，也是防范少数利令智昏和不负责任的科学家乱来的预防针。伦理学家有必要引导人们用理性的态度去对待新出现的生命伦理学问题，就是要面对规定，实事求是，顺其自然。在新技术与人们的观念发生矛盾时，既要尊重技术，又要尊重人，慢慢化解矛盾。

科学家对克隆的态度

对于克隆人问题，如果说国家首脑主要是从法律、伦理、道德等角度进行考虑，普通民众是从个人经验、个人喜好等角度进行考虑，那么，科学家则会从科学技术的角度进行考虑，从科学的角度对克隆人问题作出自己的选择。

制造多莉的维尔穆特博士认为，人们对这项技术可能应用于人类的种种猜测使他非常沮丧。人们对这件事情没有仔细考虑，在用这种技术复制人的种种应用中，还没有听说过一个令他感到舒服的用途，那是不合适的。他说，用来克隆多莉的技术效率极低，在他成功地克隆出多莉之前，曾导致先天缺损动物的出生，因此，将这种技术用于人类是非常不人道的。

美国费城阿勒格尼医科大学的玛丽·迪贝拉尔迪诺说，用克隆多莉的方法克隆人，将会遇到的一个问题是，科学家必须利用在人体内至少存活了二十年的细胞，在这二十年中，化学和环境辐射的影响，有可能使细胞的DNA特性发生变化，而人们并不知道用于克隆人的细胞，是否已经发生了有害的突变。要判断哪个细胞正常、哪个细胞不正常，就好像在玩"俄罗斯赌盘"。如果某一个科学家使用DNA受损的细胞进行克隆，或者会造成怀孕失败，或者会产生畸形婴儿。

美国芒特西奈医学院从事哺乳动物早期发育研究的乔思·戈登博士说，目前还不清楚这种危险性究竟有多大，因为细胞能够有效地自然修复DNA受到的损伤。但是，从人体取出细胞以后，可能会出现一个更大的危险性，因为克隆方法要求把细胞放在实验室中培养一段时间，在培养过程中，DNA有可能造成人们无法察觉到的缺陷。

而欧洲制药行业则一方面要求通过法律禁止克隆人，另一方面对于全面禁止研究细胞克隆技术所产生的影响表示担忧。因为如果不用诸如细胞克隆等新技术，要想用基因信息治疗疾病是不可能的。细胞克隆早已被认为是寻找治疗疾病方法的一项珍贵技术，促进烧伤患者新皮的生长和培养替换患病器官，就是克隆技术的可能用途之一。

与"孟德尔定律"相违背的克隆人

克隆人一旦出现，即意味着遗传法则的歧化、异化或杂化，至少在生殖生物学领域，著名的"孟德尔定律"面对克隆人将处于尴尬的境地。我们不妨比较一下"正常人"和"克隆人"的产生过程来加以说明：

"正常人"产生过程（符合孟德尔定律）：

精子＋卵子－遗传物质结合－受精卵胚胎－婴儿

"克隆人"产生过程（不符合孟德尔定律）：

体细胞遗传物质－胚胎－婴儿

美国科学家 E·卡尔松认为，采用这种"胚胎选择"的方法，人类能够"改善健康，发展智力，并且提高人类的社会责任感"，从而推动道德的进步。美国当代科学界知名人士 E·戴维斯认为，通过人的无性繁殖方式，"可以使我们的社会增加很多有才能的人，可以大力发展我们的精神文明。"

另有一些科学家则不同意这种观点。美国微生物学罗伯茨在她的《科学家的良心——论现代生物学与人道主义》一书中认为：优生学没有任何爱情和美德的信息。它关于创造"最优人种"的希望是实现不了的。当代美国科学界著名人士、纽约大学教授马丁·戈尔丁在《生物工程的伦理问题》中也认为，优生学家想要增加具有利他主义、团结精神和责任感等高贵品质的人数，但目前还没有试验证明这些品质是否可以遗传。

的确，我们至今还难以回答这个问题：人的品质到底是否可以遗传？人的品性究竟是否可被克隆？也许只有真的出现了克隆人，才能找到答案。

克隆人打破了传统的家庭观念

我们每个人都生活在传统的家庭中，上有父亲母亲，下有儿子女儿，同代则有兄弟姐妹，这就是构成人类社会的"细胞"——家庭。家庭是以婚姻和血缘关系为基础的一种社会生活组织形式，它在人类的原始社会中就自然产生了。我们能够想象一下，一个家庭中如果没有了父子关系、失去了母女关系的情景吗？这真难以想象！而克隆人的诞生，将会给家庭概念带来极大的混乱。

人们反对克隆人诞生的一大理由就是：通过无性繁殖技术复制出来的人，他们将彻底搞乱世代的概念。也就是说，他们与细胞核的供体既不是父母与子女的亲子关系，也不是兄弟姐妹的同胞关系，他们类似于"一卵多胎同胞"，就是那些看上去极像极像的双胞胎或多胞胎。不过，与双胞胎或多胞胎不同的是，他们之间又存在着代间的年龄差，亦即从年龄上看是父母与子女，而从本质上看则类似"一卵多胎同胞"，这将在伦理道德上无法定位，法律上的继承关系也将无以定位。

从这一点我们可以知道，一旦克隆人诞生了，他们的确会给我们出一个难题，给传统的家庭观带来麻烦。不过，任何科学，包括自然科学和社会科学，都存在着提出问题、解决问题的过程，包括伦理学和法律也是如此。在伦理学上提出新的问题，首先应该是试管婴儿，因为试管婴儿带来了"遗传母亲、孕育母亲和养育母亲"以及"遗传父亲和养育父亲"的复杂性。但是自从1978年世界上第一个试管婴儿诞生以来，全世界这类婴儿的总数已达300万人之多。虽然也出现了某些伦理纠纷，但是并没有出现给社会发展造成严重障碍的伦理纠纷。而克隆婴儿比试管婴儿还减少了一种复杂性，那就是克隆婴儿只有"遗传母亲"或"遗传父亲"一个难题。相信我们的伦理学家一定会妥善解决这个难题的。

当然，解决克隆人与传统家庭观之间的问题是一回事，要不要克隆人又是一回事。我们并不是说可以解决这一难题就一定要克隆人了。更何况，复制人也有许多技术问题有待进一步地研究。

克隆完全相同的人永无可能

"多莉"出现后，世界便处于流言和误解之中，一是以为"克隆羊"、"克隆人"如同厨房里的辣椒炒肉、红烧海参那么简易明了；二是以为可以复制一个人，这个人从头到脚，从里到外，所思所想，举手投足都和"原版人"一模一样。科学家和伦理学家们说，重要的是使人们明白，永远不可能通过克隆技术创造出完全相同的人。

即使是同卵双胞胎——自然的克隆体——也并非完全相同。实验室中培养的"克隆人"（两个或多个）可能间隔几年甚至几十年才出生，他们成长过程中的时代文化、家庭环境都是不同的。普林斯顿大学校长、美国生物伦理学咨询委员会主席哈罗德·夏皮罗说："最有害的误解是可以复制人的想法。"维尔穆特曾对由美国参议员组成的一个小组说："如果某人失去了孩子或父母亲，想把他（她）'找'回来是不可能的。"

伦理学家、遗传学家、生物学家和心理学家正在就人的成长过程中的

177

"禀性"和"教养"两者哪个重哪个轻，哪一条特征是与生俱来，哪一条特征是环境和经历形成的结果争论不休。即使是倾向于认为"禀性"学说的专家，比如著名的明尼苏达大学孪生与领养研究中心的心理学家布沙尔也说，"克隆人"，看起来可能是相同的，但未必一定是相同的人。布沙尔认为，人有一半的心理倾向来自遗传，他说："亲身经历的不同将大于个性的不同。"另外，从生物发育学的角度来看，体细胞在遗传上虽然起着决定性的作用，但是，当一个体细胞核放到卵子的细胞质里以后，它也会在一定程度上受到卵子细胞质的影响，我们虽然还不知道这种影响将会达到何种程度，但是，可以肯定的是，它势必会给克隆出来的"你"造成与你不同的后果。

外在的因素一开始就会发生作用。一方面，储存 DNA 的细胞质将与取出 DNA 的成熟细胞有所不同。名为线粒体 DNA 的小块遗传物质也会有所区别。另一方面，一旦克隆体被植入子宫，出生前的环境也就有了区别。怀胎妇女的饮食习惯，是否吸烟以及她在日常生活中接触的化学物质或毒素，甚至她的个性心理都会对胎儿产生不同的影响。

社会的因素更加不可低估。圣迭戈大学哲学家《未来的生命：基因革命与人的可能性》一书的作者基切尔说："同卵双胞胎通常都是一块儿长大的，并且受到相似的对待；但是如果克隆体与他（她）的源体相差一个时代……经过一个时代，各种各样的事物都会发生变化——允许做的事情、所受的教育内容、人们的食习惯等都会发生变化。"

比如说，把取自 20 世纪初德国的爱因斯坦的一个克隆体放在加

爱因斯坦

利福尼亚州南部地区，他也许还会很聪明，并且很可能同样有一头白色的乱发，但他未必会成为物理学家。迈克尔·乔丹（美国最伟大的篮球运动员）的克隆体可能会身材高大、灵活、能做出闪电般的反应，但他可能成不了职业篮球运动员。普通男子或妇女的克隆体看起来也许与他（她）的基因母亲或基因父亲很难分辨，但却有着完全不同的世界观。这是基于经历、运气、气质或神学家所说的灵魂的不同。"复制名人"、"复制狂人"等危言耸听的话是缺乏科学依据的。

此外，用动物细胞克隆说起来简单，但操作起来非常困难。迄今只有克隆羊获得成功，而且只有羊的乳腺组织细胞才能培养，同样的实验用于兔子等动物就没有成功，至于人就更困难了。

生物技术也受立法限制。美国已明令禁止政府资金用于人体克隆试验，日本也以立法手段禁止公共经费用于克隆人类的研

迈克尔·乔丹

究。英国、德国、法国、意大利等国纷纷出台类似的规定，巴西甚至禁止进行克隆动物研究。

科学家自身也不是疯子，"多莉之父"维尔穆特曾说过："我们从来没有想到要克隆人类，'克隆人'对于研究来说毫无意义。"他指出，人类高等动物的两性繁殖方式是生物经过几十亿年进化的结果，是最适合人类的繁殖方式。来自父亲和母亲的遗传物质相互融合可产生基因变异，形成更适应生存环境的后代。两性繁殖还可取长补短，其后代更为健康。

遗传就其实质来说是对环境的适应，如果无性生殖复制品单一化、同

一化，人群将无力对付某一自然环境的变化或侵袭，结果将是一有不幸就全体同归于尽。生物天然需要多样性，人类同样需要多样性。如果人类都"优生"成为所谓理想之人，很可能一种怪病毒就可导致灭顶之灾。据说，不久前英国患疯牛病的牛就是经长期"优生"出来的牛，但正是这些所谓好牛对疯牛病毫无抵抗力，倒是一种土牛不怕疯牛病，救了英国畜牧业。

让我们记住宾西法尼亚大学生物伦理学家格伦·麦吉所说的一句话："'多莉'是一张快照——不是一只成年绵羊的快照，而只是那只羊的一个细胞的快照。"

克隆技术的真正危险

培育出"多莉"的英国科学家维尔穆特万万没有想到他的工作会掀起这样的一场风波。当他兴冲冲地向世界宣布他得到了一只无性繁殖羊后，世界回报他的却是一盆盆的冷水。英国农业部当即宣布目前资助的研究基金25万英镑将从4月起削减一半，并定于1998年4月全部终止。来自各个方面的疑虑和对克隆技术的敌意，也让他感到不安。他不得不惴惴不安地出席英国下院科学技术特别委员会的听证会，小心翼翼地回答各种提问。他也不得不一再向人们表示，他并没有打算克隆人。克隆技术真的有理由让人们感到如此恐慌吗？

人们对克隆技术的担心，最多的是担心克隆技术用于人的克隆，担心克隆出大量的像希特勒那样的杀人魔王，担心复制出大量的可怕怪物。更有甚者，有人认为克隆技术的出现把人类文明推向了崩溃的边缘。对这些虚无缥缈的问题的争论，可能已经影响到克隆技术的进一步发展。

人们总是把科研事实与恐怖电影和科幻小说混为一谈。在谈论克隆时充满了不切实际的幻觉。

早在1973年，伍迪·艾伦在他的影片《沉睡者》中创造了这样一个情节：一个暴君死于炸弹，除了鼻子之外什么也没有留下。他的追随者打算用这个鼻子创造一个新的领袖。而在1976年，列文斯在《来自巴西的男孩们》中讲述了一个更加富有戏剧性的故事：一个狂热的纳粹分子利用他的元首的细胞"培植"了一大批少年希特勒。这些离奇故事比科研事实更容易给人留下深刻印象，使人们在谈论"克隆技术"这样一个严肃话题时，不可避免地掺杂一些戏剧性的情节，于是克隆出希特勒这样的狂人就成了克隆技术的一大罪状。

现代科学的发展，已经找到了一些与人的行为相关的遗传信息，但是公认的观点却是在人的个性发展中重要的是社会性的体验。一个人知识的积累，世界观的形成，性格的特化，无不打上时代、社会的烙印。德国之所以出现希特勒，与二战前的国际经济、政治状况有关，与德国社会情况有关，与希特勒的个人经历有关。即使现在真的能克隆出一个希特勒的复制品，在现在的条件下还会成为一个战争狂人吗？就算能模拟出一个二战前的小环境来培养其好战、富于煽动性的性格，他也百分之百不会成为二战中那个希特勒。即使对于一个抛开思想不谈的"生物人"来说，克隆技术充其量也只能复制出一个类似的人，绝对无法复制出与供核的蓝本各个方面都惟妙惟肖的人体。因此，类似克隆出希特勒的想法，完全是一种"杞人忧天"的不切实际的幻觉。

在对克隆技术的前景表示怀疑的人中，最忧心忡忡的莫过于罗特布拉特了。罗特布拉特本人是一位核物理学家，曾因为发起反核运动而获得1995年诺贝尔和平奖。他认为英国科学家的这一成果可以与原子弹的爆炸相提并论，克隆技术如被滥用，将成为毁灭人类的武器，比原子弹的危害更大。

其实人们现在所关注的那些问题，并非是克隆技术可能产生危害的方面。克隆技术的真正危险体现在技术发展的不完善上。

早在20世纪50年代，在两栖类和鱼类的克隆研究中人们已经发现克隆后的胚胎在发育中易形成畸胎。这种克隆动物中有一定比例畸胎和畸形后代的现象，在八九十年代对哺乳动物进行了大量研究后得到进一步的证实。在多种动物的克隆后代中都发现了一些不正常的现象。尤其严重的是一些从事克隆动物生产的企业，在其牧场中产下许多畸形的巨型牛。这些牛的出生体重比正常的高了一倍，造成分娩难产，往往不得不借助剖腹产的办法。这种体格偏大的牛的比例达到20%，而体格超大的有5%。这些畸形牛后来被送到研究机构用于研究。

这些克隆出来的畸形牛明显地表明，克隆的胚胎不是百分之百地正常。最为遗憾的是，到目前为止仍不了解致畸的原因。

在描述"多莉"的生产过程时，罗斯林研究所的科学家说，在等待"多莉"降生时，心情最为复杂，既激动又紧张，生怕会生出一个怪物来。直到"多莉"出生后一切正常，他们才把心放下。其实这种对后果的无法预见、无法把握，正是克隆技术目前最令人担忧之处。但是这种问题不是发展克隆技术的问题，恰恰是因为克隆技术发展不够，还有许多根本问题没有解决。我们相信，随着研究的深入，这些困难一定能够克服。在科学发展史上，这种现象比比皆是，没有什么值得大惊小怪的。现在我们最常用的输血技术，在最初不是救死扶伤的手段，而往往成为夺人性命的恶魔，就是一个例子。

克隆技术过去、现在和将来都不可能对人类产生危害。之所以这样说，是因为作为一种技术手段，克隆永远只会是一个过程，而不会是一个结果。这个过程永远不会简单到一按电钮，人就能从"复制机器"的出口一个接一个地走出来，并直接危害人类。

克隆人：生命伦理禁区

克隆技术有很大的实用价值。许多专家论述了它在畜牧业上的重大意义。有谈到应用于生物医药领域的重大前景；有指出它在器官移植方面重要作用的；也还有说到在保存物种方面的有利影响。总之，公认的意见是，能够用动物细胞核发育成一个动物，的确是生命科学史上的"一次飞跃。"现在的问题是，能否将克隆技术移用于"人"？

人的克隆问题的争论非常激烈，涉及社会伦理问题也更突出。对于在动植物上进行无性生殖，人们可以用经济价值高的单亲体繁殖与它们一模一样的子代，同样会获得较高的经济价值的遗传性，这些方面人们都加以肯定并已经在实践上应用。但是在人类中进行无性生殖的目的究竟是什么呢？有些人乐观地渴望着通过克隆可以制造出一大批伟大的思想家、政治家、科学家、体育家、英雄、名演员等方面的杰出人才；有人则悲观地担忧人的无性生殖将会制造出希特勒、墨索里尼等一批残暴的恶魔的复制品，或复制出一大批充当炮灰的军队。有些科学家对此也感兴趣。他们认为，人的无性生殖可以造就一批具有"特殊效能"的人，他们可以没有痛觉，超声波对他们不起作用，夜视，身材矮小等。这些特性都有利于将来的战争和上天开发之用。

著名的科普作家阿西莫夫对人的无性生殖问题做了公允的评论。他认为人们既不用把无性生殖看作是人类通向长生不老的大门，也不用害怕靠无性生殖会造出一批社会蠢货。如果人的无性生殖成功的话，那么，"你的无性系只是与你一模一样的孪生兄弟姐妹而已，你的无性系并不赋予你的意识。如果你死了，你就死了，你并不在你的无性系里继续活下去。"如果说，担忧无性系会造出一支庞大的军队以达到其征服世界野心的目的，实际上，现在世界上可以毫不费力地征募到一批军队，何必花费巨资去制造呢？再说，天才人物的复制，即使复制成功，"复制品"与它的单亲体也不会完全是一个模式的，因为它们从核移植以及移植到一个异体子宫内和它们以后成长的新环境，包括受到的环境、社会压力、机会、社会伦理价值等等方面绝对不会与原来单亲体所处的环境是一样的。一个人的遗传特性的表现是遗传与环境相互作用的结果，具有相同遗传性的人，在不同的环境下，其表现型也是各不相同的。从对克隆人的认识以及所引起的反响和争论中，隐藏着许多社会伦理问题。

首先无性繁殖复制的人体，将彻底搞乱世代的概念。克隆人技术打破了传统的生育观念和生育模式，使生育与男女结婚紧密联系的传统模式发生改变，降低了自然生殖过程在夫妇关系中的重要性，使人伦关系发生模糊、混乱乃至颠倒，进而冲击传统的家庭观以及权利与义务观。尽管由于意识形态、宗教信仰、社会制度等的不同，伦理观念也因国家、民族等的不同而不同。其最主要表现为对家庭这一社会主要细胞的破坏，从有性繁殖到无性繁殖，一旦扩及人类及每个人，影响极为深远，而且夫妻、父子等基本的社会人伦关系也会相应消失。从哲学上讲，这是对人性的否定。

克隆人与细胞核的供体既不是亲子关系，也不是兄弟姐妹的同胞关系。他们类似于"一卵多胎同胞"，但又存在代间年龄差。这将在伦理道德上无法定位，法律上的继承关系也将无以定位。假设"克隆人"解决了"生物学父母亲"的界定问题，试问"克隆人"有无在"生物学父母"、"代理母亲"和"社会父母"中选择父母和更换父母的自由？抚养"克隆人"的义务和权利归属于谁？"克隆人"对谁的遗产具有继承权？从医学伦理角度审视，可以发现这些父母都是不完全的父亲和母亲，可说是父将不父，母将不母，子将不子。在这种组合的家庭中，伦理的模糊、混乱和颠倒很容易导致心理上和感情上的扭曲，播下家庭悲剧的种子。还有一种可怕的情况是，如果采用匿名或无名体细胞核，"克隆人"一出生就将成为"生物孤儿"，这对孩子是公平、道德的吗？无名或匿名体细胞核的大量应用加上卵子库的开放，弄得不好有可能孕育出一批批同父同母群、同父异母群和同母异父群，甚而近亲配偶群，并随着时间的推移形成恶性循环，增加人类基因库的负荷，影响人类生命质量。更有甚者，以某男子或女子的体细胞核为"种子"，可由其妻子、女儿、母亲或孙女孕育出"克隆人"，祖孙三代由同一来源的"种子"生出遗传性质完全相同的人，该是多么荒唐的人伦关系，令人不可思议。

其次，克隆人破坏了人的尊严。"复制"人在科学上或许很有价值，但它会带来许多社会伦理问题。人们已经对"复制"人提出如下批评，说它使人丧失尊严。人在实验室里的器皿中像物品一样被制造出来，这样无性繁殖的人不是真正的人，而只是有人形的自动机器。每个生命都是独一无二的，都有独特的个人品性，"复制人"恰恰剥夺了这一点。

再次，人类生育模式由于克隆人技术的成熟，正在或将要经受新的考验。传统的生育模式无疑仍将占主要地位，但在某些特殊情况下，如对于患有遗传性疾病、先天性疾病和癌瘤易感家族以及在含有高剂量致突变物、致癌物和致畸物环境中工作和生活的人群，采用人工授精、胚胎移植或体外孕育等生育模式作为补充模式正受到人们的关注。尽管这些补充模式存在许多伦理道德问题，但从根本上说，由于没有脱离精卵结合进行生育的规则，在特殊情况下被应用还是可以得到理解的。"克隆人"一旦出现，将彻底打破人类生育的概念和传统生育模式，克隆人是无性繁殖，这不仅打破了传统繁衍后代的清规戒律，而且在深层次科学意义上彻底打破后代只能继承前辈的遗传性质却有别于前辈的框框，复制出两个乃至众多遗传性质完全相同的人。传统生育模式中离不开男性和女性，他（她）们各司其责，提供精子和卵子。现代生殖工程也遵循这种生育模式。"克隆人"的生育模式则完全不同，它不一定非要男性不可，也不需要精子，只要有体细胞核和卵子胞浆（即去核卵子）即可。这样，单身女子非传统但正常的生育过程便可实现。单身女子，可以取出自体乳腺细胞的核，移植到自己的去核卵中形成重构卵，重构卵再移植到自己的输卵管中，即可发生正常的怀孕，在子宫里发育成胎儿并分娩。这种"自己生自己"的生育模式在许多方面给伦理学提出了许多解决不了的难题。

另外，克隆人还可能造成人类的性别比例失调。人类在自然生育中性别比例基本保持1:1，这是携带 X 染色体的精子和携带 Y 染色体的精子与只携带 X 染色体的卵子有同等机会相结合之故。含 XX 染色体的受精卵发育成女孩，含 XY 染色体的受精卵则发育成男孩。克隆人技术使来源于男子体细胞核的胚胎发育成男孩，来源于女子体细胞的胚胎发育成女孩，无需进行性别鉴定便可知是男是女。因此，如果在一个有性别偏向观念的区域和国家，由于克隆人技术的应用，很容易使人口性别比例发生失调和偏差，特别在比较落后的国家和农村地区。性别比例失调将导致一系列严重社会和道德伦理问题。

还有，如果克隆人是为了"优生"。这里也存在严重的伦理问题。这种"优生"克隆规划由谁来实施？如果由国家来实施，那么国家就要建立一个委员会来将国民加以分类：值得克隆的优良国民，与不值得克隆的劣等国

185

民。这样做，那就离纳粹的"优生"学说不远了，或者说那是在完成希特勒未完成的事业。如果由家庭或夫妇来决定克隆家庭哪个成员或哪个孩子，这也存在类似的问题：将家庭成员或自己的孩子分成值得克隆的优良者与不值得克隆的劣等者。

理性对待克隆人

21世纪是生物技术革命的世纪。然而新世纪伊始，在人类还没有充分享用到生物技术发展成果的时候，由此引发的克隆人问题已经无法回避。继几年前一些组织和个人遮遮掩掩地提出克隆人类的试验后，近些年又有美国和意大利等国科学家和某组织公开抛出了克隆人的计划。克隆人正从遥远的幻想日益成为逼近的现实。

2002年年底曾有消息透露，某邪教组织目前正在美国克隆一名十个月大、因故夭折的婴儿，他们的克隆婴儿将在年底诞生。而2003年一月，美国和意大利的两位科学家更是公开宣称要联手尝试克隆人。据美国《科学》杂志等媒体报道，他们称已有志愿者参加试验，克隆人将在2004年夏天出世。此外还陆续有消息称，实际上早在1998年就已经有过失败的克隆人试验。在这些消息面前，幻想与现实之间的一张纸似乎一捅即破。

其实早有科学家坦言，世界各地都有一些科学家在进行克隆人的试验，且"已经为之投入了巨额资金"。但应当看到，由于克隆人问题可能带来的复杂后果，世界各国，尤其是生物技术发达的国家，现在大都对此采取明令禁止或者严加限制的态度。目前，已有二十三个国家明令禁止生殖性克隆。

尽管如此，一些国家对待克隆人的实际态度仍有不少"暧昧"之处。这主要是因为，谁也拒绝不了"治疗性克隆"在生产移植器官和攻克疾病等方面的巨大诱惑。为此，英国在2002年以超过三分之二的多数票通过了允许克隆人类早期胚胎的法案，而在美国、德国、澳大利亚等国，也逐渐听到了要求放松对治疗性克隆限制的声音。在禁止使用体细胞克隆技术克隆出人类早期胚胎（这实际是克隆人的早期阶段），世界各国的态度并不坚决而彻底。而对治疗性克隆的研究，实际上也是一条通向单个完整克隆人出现的道路。

还应当看到的是，充分的动物实验可以克服克隆人在技术上的障碍。如果仅仅是禁止对人的克隆研究但却不限制克隆动物的研究，从技术上说对完全禁止克隆人意义并不大。因此，幻想与现实之间的界限，其实已经很模糊。

我国古代孙悟空用自己的汗毛变成无数个小孙悟空的古老神话，表达了人类对复制自身的幻想。1938年，德国科学家首次提出了哺乳动物克隆的思想。但直到1997年体细胞克隆羊"多莉"出世，"克隆"才迅速成为世人关注的焦点。而伴随着牛、鼠、猪乃至猴这种与人类生物特征最为相近的灵长类动物陆续的被克隆成功，克隆人似乎已经呼之欲出了。

然而科学家告诉我们，现有技术条件并不成熟。由于生物间的发育机制并不完全一样，极少量动物克隆的成功并不意味着人们已掌握了克隆人的技术。其次，"多莉"是克隆277个绵羊胚胎后唯一的"硕果"，而最乐观的估计，克隆人的成功率也不足5%。再次，还有关于克隆生物个体尚存缺陷、早衰现象等争议。许多科学家担心，技术上如今还没有解决的这些问号，将直接威胁克隆人的生命。

与技术问题相比，人们更为害怕的，是克隆人给伦理道德等方面带来的巨大冲击。千百年来，人类一直遵循着有性繁殖方式，而克隆这种"实验室里人为操纵下制造出生命"的方式，确实让人难以接受。尤其在西方，"抛弃了上帝，拆离了亚当与夏娃"的克隆，更是因此而受到许多宗教的反对。另外，克隆人与被克隆人之间不可避免的要存在年龄差距，两者的关系不同于父子，也非兄弟等，有悖于传统由血缘确定亲缘的伦理方式，这也是另一个对伦理道德的巨大冲击。

需要澄清的是，"克隆人"被克隆的只是遗传特征，而受后天环境等诸

187

多因素影响的思维、性格等社会属性不可能完全一样，因此历史人物不会因克隆而"复生"。此外，完善的克隆技术可以促进生物向着更有利的方向进化，与自然选择压力下生存竞争实现的进化并不相互抵触，也不会导致生物多样性的消亡以及人类的毁灭。

从多莉的"一枝独秀"，到近年来其它克隆动物的"群芳争艳"，克隆技术正不断发展，"克隆"本身已为人们所普遍接受。但与此同时，伦理道德的争论并无答案，赞成或反对者并没有提出新的意见。而不争的事实是，在严肃的科学家慎重对待克隆人的同时，想争第一的刺激也在促使一些人加速进行克隆人的地下实验。克隆人的问题，实际上是无法回避的。

克隆技术确实可能与历史上的原子能技术等一样，既能造福人类，也可祸害无穷。但"技术恐惧"的实质，是对错误运用技术的人的恐惧，而不是对技术本身的恐惧。人类社会自身的发展也告诉我们，当人类面对伦理道德的危机时，应该理性正视现实。历史上输血技术、器官移植等等，都曾经带来极大的伦理争论。而当首位试管婴儿于 1978 年出生时，更是掀起了轩然大波，但现在全世界已经有 300 多万试管婴儿。某项科技进步最终是否真正有益于人类，关键在于人类如何对待和应用它，而不能因为暂时不合乎情理就因噎废食。

克隆出"多莉"的苏格兰罗斯林研究所副所长格里芬指出，他目前反对克隆人的主要原因是，在人们尚无心理准备的情况下，克隆人可能会受到不公正的待遇。已有的相关信息表明，克隆人可能将很快出世，但届时人类社会或许并没有做好接受它的准备。专家指出，实验室中的研究，与人们的日常生活仍然有距离。而即使克隆人很快诞生，也不表明围绕克隆人的争论就将结束，虚幻的忧虑变成现实的担心可能引发更多的问题。现在，人们迫切需要做的是，以严肃的科学态度理性直面克隆人，通过讨论达成共识，加快有关克隆人的立法，从一开始就将其纳入严格的规范化管理之中。

如何对待克隆技术

在茫然的社会舆论面前

"克隆"对于我们很多人来说是一个陌生的字眼，但在西方国家，"克隆"却是一些人一直在关注和小心提防的东西。

伟大的科学家霍尔丹在 1963 年发表的《未来一万年内人种生物学的可能性》一文中，论述了人类克隆的可能性。他认为，如果用优秀的人的体细胞克隆人，人类的能力可能会大大提高。他提出，除运动员与舞蹈家之外，在大多数情况下，克隆人要由至少已年满 50 岁，在公认的社会活动中取得突出成绩的人来培育。他认为，由于有许多优秀的人才因为没有机会接受适当的教育而虚度了童年，因此伟大的数学家、诗人、画家在 55 岁之后，就转而专门从事对自己的克隆子孙的培养教育工作也许是最有益的。我们暂且不说霍尔丹的观点正确与否，他准确的科研预测能力是值得称道的。与霍尔丹持同样观点者也大有人在。他们预计，克隆人的技术将在 21 世纪最初的几年中实现。

这些科学家的观点，引起许多人，尤其是神学卫道士的不满。他们认为这个未来技术将会动摇西方的基本价值、伦理观念，动摇神学的地位。大概也就是从那时起，对科学并不那么感兴趣的教会，开始认真地关注起克隆技术的进展。

其实引起教会关注的不仅仅是克隆技术，其他与人类生殖繁衍相关的技术，如人工授精、试管婴儿技术都一直是他们要抵制的对象。人工授精技术甚至被冠以"技术性通奸"的恶名而加以鞭挞。每当因这些技术而引起纠纷时，最为活跃的就是教会的代言人。他们劝诫人们远离这些"败坏社会伦理"的技术，终止有损上帝的行为，却忽视这些技术为多少绝望的人带来了希望。

1978 年当罗维克的小说《人的复制——一个人的无性繁殖》发表后，教会如临大敌，直到确信该书是一本科幻小说，咄咄逼人的神父们才松了一口气。

1993 年，美国科学家杰里·霍尔和罗伯特·史蒂曼首次进行了人的胚胎克隆实验。这个实验甚至惊动罗马教皇。教皇警告说，这种尝试将导致人类走向疯狂的深渊。

1997 年，由"多莉"羊引发的关于克隆技术的争论中，最先作出反应的也是教会。

1997 年 2 月 27，梵蒂冈通过路透社向世人表示《梵蒂冈呼吁禁止克隆人》。

1997 年 3 月 1 日，《纽约时报》刊登专稿《宗教伦理学家对克隆技术感到窘迫不安》。

1997 年 3 月 3 日，意大利发表声明《教皇谴责人类试验》。

1997 年 3 月 6 日，美联社转发了以色列首席拉比的谈话，表示犹太教律法不允许侵犯造物主作用的行为，克隆技术用于人的非法。

克隆技术的确让宗教界头疼。因为在他们看来：人本来是由神创造的，为了人类种族的延续，上帝造了亚当，又用亚当的一根胁骨造了夏娃。而现在克隆人的出现使上帝的权威与尊严何在呢？而在某些宗教的律令里，是明确规定"不得用非自然的手段来制造生命"的，难怪最先站出来对克隆表示反对的总是宗教家、神学家。

西方国家由于文化基础与宗教信仰的缘故，对克隆和其他相关生物技术所带来的伦理学问题表示关注是容易理解的。正如诺贝尔奖获得者、DNA

结构的发现人沃森所说的，这的确是一个能使西方文明崩溃的大问题。

西方国家对于哺乳动物体细胞克隆成功这样一个生物技术的重大突破，不仅未加肯定褒奖，相反却采取了一些极端的措施。

法国首先提出警告，如果英国在克隆羊方面取得的突破导致对自然进行怪异实验的话，法国将采取新的极端严厉措施。

巴西干脆禁止一切关于人和动物的克隆实验。

阿根廷议会不仅将取缔一切关于克隆的研究，甚至还要取缔已经被社会广泛接受的冷冻胚胎研究，甚至讨论该给研究克隆的科学家判多少年刑的问题。

丹麦也暂停了正在进行的牛的细胞核移植项目。

意大利则直接颁布法令禁止对人和动物进行任何克隆实验。法令同时还禁止销售包括卵子、受精卵和胚胎在内的任何克隆产品。对这些极端的措施，国际卫生组织总干事中岛宏在一份声明中提醒人们：不应该不分青红皂白地禁止所有的克隆程序和研究，因为这些克隆程序和研究在与癌症和其他疾病作斗争中是十分重要的。

西方一些国家对克隆的态度本身就是一本糊涂账。从意识形态的角度出发，不仅克隆人，甚至克隆技术都应该被禁止，因为该技术已脱离了"自然造物"的限制。但是一旦抛开这种顾虑，克隆技术却是应该大力扶植的项目。

就在欧洲一些国家纷纷对克隆采取措施时，欧洲制药行业却对全面禁止研究细胞克隆技术所产生的影响表示担忧。欧洲制药业联合会协会总干事布莱恩·埃杰说，如果不用诸如体细胞克隆等新技术，要想用基因信息治疗疾病是不可能的。

在社会效益和经济效益面前，宗教、神学也不得不让步。禁止克隆人，不禁止克隆就是一种变通的做法。美国总统克林顿在宣布禁止用联邦经费从事克隆人研究的同时，也表示了用动物和人的细胞和蛋白的克隆技术可以使科学、农业和医学获得巨大的好处的想法。

面对宗教界和西方一些国家政府为封杀"克隆人"而阻滞克隆技术甚

191

至是生物技术的情势，科学家们发出了警告：放任对克隆技术不懂的新闻媒介对公众进行片面宣传，可以导致哥白尼式的悲剧，从而使伟大的科学发现停滞。

公众对于科学发现、科学成果意义虽然不一定完全了解，但对科研成果的生存却有发言权。1995年，奥地利就发生了公众反对进行转基因土豆研究的事件。尽管转基因土豆对于提高产量、改良品质均有好处，但公众出于对这一技术的恐惧，不能接受这一成果。通过全民公决，最后销毁了所有试验中的转基因土豆。恐惧来源于不理解，来源于对新技术的认识不够，也来源于媒介对科学技术的片面报导，对公众形成了误导。这一事件被认为是"民主战胜科学"的例证，但还不如称"愚昧战胜科学"更为恰当。由此我们也可看出，对科学的正确、客观报导和宣传有多么重要。

东西方文化存在差异是一个事实，从各自的立场出发可能会得到不同的看法。关键是要把客观情况科学地、实事求是地介绍清楚，给大家留一个全面思考的空间。但有一点是我们的优势，我们可以不必顾及上帝的面子。在我们所能看到的关于介绍克隆的媒介宣传里，有多少是全面的、真实的值得怀疑。国外由于宗教等问题所形成的伦理、道德危机也被我们拿来大谈特谈，所以一提起克隆，就想起克隆人及由此带来的人不像人、家不像家、社会将因伦理危机而趋于崩溃的结局，想起克隆希特勒，想起克隆出怪物。在这种舆论攻势下，人们视克隆为洪水猛兽，并忧心忡忡，夜不能寐也就毫不奇怪了。这怎么能谈到对科学的真正理解和支持呢？

科学需要理解

生命科学家克隆胚胎最初的目的是善良的：为了探索自然奥秘，追求知识和真理，提高人们的认识能力，为人类的健康和发展服务。他们投入时间和精力，付出劳动和艰辛才取得了科学上的突破和进展，理应得到社会的肯定和赞许。可是现实却是，尽管人们承认维尔穆特在生物学方面取得了重大突破，却没有给予他以相应的肯定和鼓励，反而报以削减经费和如临大敌般的惊恐。这无疑是对科学工作者的一个打击，使他们自问科学的目的何在？为什么难以得到理解？

探索未知是科学的特点，在这种探索的过程中人类逐步认识自然，认识自己。科学真理在内容上是客观的。人们对它的认识是一种发现而不是创造。也正是由于科学的客观性，它具有无穷的生命力，是经得起实践检验的；而且也由于它是客观的，决定了科学的发展具有必然性。不论你愿不愿意，高不高兴，它都要到来，都要为人们所认识。

科学是属于全人类的，科学的发展使人们对自然界和自然规律的认识获得了质的飞跃，也使人类获得了空前地提高生存能力的机会。所以对科学知识的深入探索，对于人类发展的好处是不言而喻的。在对客观真理的探求过程中，应该允许人们从不同的角度通过不同的途径去探索。只有在实践中才能发现问题、解决问题，纠正和改正错误，才有可能逐渐接近客观真理。因此，对待科学的探索过程应该给予充分地理解。

科学虽是属于全人类的，但由于在不同的国家有不同的文化背景、历史进程、社会基础和发展形式，所以对科学的认识和对待科学技术发展的态度可能有所不同。由于科学所要探索的自然规律是客观存在的，并不依人的主观意愿和社会更迭而改变，所以，意识形态上的差异不应该成为限制科学发展的理由。

克隆技术本身即是为了探索科学发展的原理而产生的技术，所以不论"上帝"和神学家们高兴与否，它的产生是客观的、必然的。它的发展也不是人为的力量所能限制的，我们应该以一种积极的态度来认识克隆。

克隆技术的出现，是生物科学的一个重大的突破，它标志着人类认识自然、改造自然的能力的增强。就克隆本身来说，它的突破是一大幸事。虽然克隆可能给人类带来一定的困扰甚至危害，但这与克隆本身无关。科学技术本身是中性的，造福人类还是危害社会，关键在于人类如何使用它。如果因担心克隆出人、克隆出狂人等负面效应，而怀疑限制克隆技术的发展，那么一切科学技术都将失去存在的价值。电的发明会使人触电；飞机的发明会使人类受到坠机的危胁；原子能技术的发展又可能用于制造核弹……

对科学的不理解，可能会造成严重的后果，历史上这样的教训不胜枚举。

发现血液循环的哈维，在提出了血液循环的假说以后，受到的是嘲笑和辱骂，来求诊的病人也少了。哈维自己写道：知识的匮乏和习俗已成为人类的第二天性，加之人们根深蒂固的观念，还有人们尊古师古的僻性，很严重地影响着社会，我（提出血液循环假说后）不仅害怕招致几个人的怀恨，而且害怕因为社会的不理解而将与全社会为敌。然而，木已成舟，义无反顾，我信赖自己对真理的热爱以及文明人类所固有的坦率。哈维在经历了二十余年的斗争后，才使血液循环的理论为大家所接受。

而神学对科学进步的阻挠则更为残酷。神学与客观的科学真理本来就没有什么共同的东西，所以，科学的每一点进步往往会与业已存在的神学、宗教相矛盾。每当这种时候，神学都会成为阻碍科学进步的障碍，最令人痛心的一个例子就是天体运行论的提出。今天，连儿童都很容易了解与掌握的行星系的基本常识，在 15 世纪还没被人们所认识，因此当哥白尼提出太阳中心说以后，在社会上引起了巨大的震荡。因为冒犯了上帝的尊严，教会与宗教裁判所如临大敌，认为这种异端邪说将会引起社会的崩溃。结果，天体运行论是在付出布鲁诺的生命和伽利略的自由之后很久才被社会接受的。

虽然把克隆与这些超时代的开创性工作相提并论不够恰当，但有一点是共同的，人们接受一个新的科学事实需要时间，适应它须有一个过程。就像人工授精与试管婴儿技术出现时引起恐慌、敌视，而后被逐步适应、接受一样，克隆技术也将会有一个磨合期，而最终为大家理解接受。因为抛开克隆人问题不论，无论从哪一个角度衡量，克隆技术能给人带来的好处都大大多于可能带来的害处。

社会的支持与理解是科学顺利发展的一大动因。只有在大家理解和支持的基础上，科学家才能发挥出其全部潜能，充分发挥创造力，使科学技术水平能有一个较快地提高。在一个充满敌意的环境里，科学家不仅得不到科研的乐趣，反而要不停地为自己的所作所为去辩解，小心翼翼地不要去触动某些人的敏感神经，把精力投放到一个并非他们所长的地方和无效劳动上去，这当然会影响到科技进步的速度。

克隆技术的出现为人类在许多领域开创了新的局面，人们将可能获得更多、更优质、更廉价的农副产品，获得更加有效安全的药品及其他的利益。人们本应为之欢呼雀跃，但实际上却引来了一连串的"世界末日"般的担扰，使克隆技术处于一个尴尬的境地。克隆技术何去何从，是一个国家和人民应该从宏观上努力思考的大问题，是理解支持它的发展，还是限制它的进一步研究和运用，可能关系到人类十年、五十年后的生存质量。

人类借助于科学的力量、技术的力量，使社会生产力获得了巨大的发展，劳动生产率得到了空前的提高。因此，重视科学、支持科学显然是一个社会文明、进步的标志。我们今天对克隆的态度不仅仅能决定克隆技术的命运，而且还关系到其他相关的生物技术的发展。如果科技的进步是不可抗拒的话，还是理智地接受、利用并控制它，这要比抵触过后，不得不接受要明智一些。

奥地利销毁了所有的试验中的转基因土豆，对高新技术不了解、不理解的人们似乎大松了一口气，但他们是否想过，如果一旦将来优质、高产的转基因生物占据了主导地位，他们损失的将不是一项科研成果，而是整个的生物技术领域。

恐惧来源于无知，而知识的普及传播会解答许多科学上的迷惑。为了国家的富强、人类的发展，我们需要科技进步，而科技事业的顺利发展，需要人们的理解。

科学有待规范

如今人类社会的发展越来越多地依赖于科技的进步，但一个令人痛心的事实也摆在我们面前，科学进步在给人带来益处的同时，也让人类付出了代价。而且技术越强大，对人类造成危害的潜能也就越大。

生物技术是迄今为止最为强大的技术，使用不当它有可能会给人类带来前所未有的危机。例如，人们在使用生物技术手段改造生物时，并不总能把握住它的发展方向，而且生物工程产品具有生物的特征，可以繁殖和迁移。一旦流入自然界，进入生态系统，将不再可能收回，况且生物技术的研究对象是包括人在内的生物，利用的手段是生物工程改造，结果是不可逆地改变某些基因，或是创造出一个全新的物种或个体。除对生物的直接影响外，对人类的道德伦理观念也是一个冲击。所以，动用这样一个具有巨大破坏力的技术手段应该慎而又慎，应该规范研究行为，把科研活动纳入一个有序的轨道。

生物技术的发展使人类对其应用前景充满希望。但生物科学不同于其他科学，其研究的对象不是诸如芯片、矿石等无生命的物质，而是活生生的生物。生物体是十分复杂的，人类目前的知识尚不足以形成对生物全貌的完整认识。这样在利用生物工程手段来改造生物时，对于预期结果无法完全把握，对于长期结果及对周围环境影响的预测更是乏力。

科学家改造生物的目的不仅仅是创造出更廉价、产量高的瘦型肉，其中还包括了创造出实验室用的动物模型。从前一直想要找到与人抵抗力相似，具有相同疾病的动物来进行药理学研究，如患有癌症和艾滋病的动物模型。生物技术手段问世后，人们就打算用遗传工程的方法生产一种转基因动物，使它们的每个细胞中都有致命性的人体疾病的基因，这种目标和技术路线都是无可挑剔的。

按这个设想，艾滋病老鼠诞生了，这种能稳定遗传艾滋病基因的老鼠可以表现与人类相似的艾滋病症状。这一成果被认为是历史性的突破。但人们却担心，这些老鼠有没有可能成为传播艾滋病的媒介，这种将艾滋病病毒宿主范围扩大到其他物种的做法，是否会带来新的问题。

后来的进一步研究表明，人们的担心不是多余的，这些艾滋病老鼠感染的艾滋病病毒与体内自身的病毒结合后产生了新的可怕病毒，一种更加危险的超级艾滋病病毒。这种病毒可以通过包括空气传染在内的各种途径传播，这是灾难性的。更令人遗憾的是，研究表明，这些有艾滋病的小鼠的艾滋病病毒与人类的不同，它们不能成为代表人类的疾病模型。这不能不使人们怀疑在生物改良方向是否走得太远了。

生物技术手段治理污染是生物技术的重要应用方向。为此目的，科学家曾培养了一种以原油为食的菌种，主要打算让它们去清除油轮泄漏或其他类似事故中的石油污染。科学家们想，如果能把这几种菌的基因集中起来，就可以得到一种超级食用菌。按这一想法，印度科学家阿南达·莫汉·查克拉巴蒂将几种食油菌的质粒集中到一种菌中，结果果真培养出一种食油能力大大增强的杂交细胞。但在几年的实际应用中发现，这些菌并不能有效清除污染，因为它们在海洋中的生存能力极差。这种结果似乎又一次表明，科学家改造生物方面还无法随心所欲。

克隆技术产生后，在哺乳动物胚胎克隆方面的应用前景也是令人鼓舞的。但在发展过程中一些畸型动物的出现给克隆技术的未来抹上了一丝阴影。在美国从事动物克隆的许多牛场的农场主因畸形牛而大伤脑筋。"多莉"羊的创造者维尔穆特也表示，在他以往的克隆试验中也得到过畸形动物，而且在"多莉"诞生时，他的心情紧张多于激动，生怕生出来的是一只怪物。

生物技术所表现出的不确定性，使人们对于生物技术可能出现的后果更加担心。人们关心的是，科学家是否有能力控制生物技术的发展。

人们除担心科学家的能力外，对一些科学家的素质也不是充满信心。在对人类进行基因治疗过程中，一些科学家表现出来的急功近利、不负责任和夸大其词的做法，也同样让人感到不安。

早在 20 世纪 70 年代，德国医生特哈根和美国科学家罗杰斯就曾用病毒来治疗人类的遗传病。他们给一对姐妹和一个女婴注射能分解精氨酸的病毒，试图治愈她们患有的罕见遗传病——精氨酸偏高症而导致的智力发育障碍。他们的做法引起了人们的震惊，因为将一种全无把握的治疗方法用于人类是极端不负责任的做法。有人指责罗杰斯是把孩子当成了试验动物。有试验证明，他们给孩子注射的病毒在兔子中注射可以引发癌症。这种没有科学道德的做法，引起了人们的强烈谴责和深深地忧虑。

在 20 世纪 80 年代，美国科学家马丁·克莱茵又进行了另一项毫不负责的基因治疗试验。为了逃避科学规则的束缚，他出国去意大利和以色列开展试验，他的试验是不成功的，而且把科学引入了一个尴尬的境地。他欺骗了受试国和接受治疗的患者，虽然他最终受到了惩罚，但人们已开始担心科研的无序状态和没有职业道德的科学家是否会把科学引入歧途。

在 20 世纪 80 年代末，西方国家经官方批准的基因治疗试验开始实施。到 1990 年，研究人员开始以转基因的细胞治疗免疫系统的疾病。经过治疗后，患者似见好转，传媒对治疗结果大肆宣扬，认为一个新的疗法已经确立了。但与以往的工作一样，深入地调查发现，治疗的效果假象多于疗效，没有直接的证据表明基因治疗已治好了遗传疾病。而且一年后同样的方法用于黑猩猩的实验表明，这种方法可能诱发癌症。

虽然基因工程的发展前景诱人，进展也很迅速，但在研究初期一些科学家缺乏职业道德的做法，表现出的个人野心和对人性的漠视使人们十分忧虑，人们迫切要求应该以立法的形式对生物技术的研究和应用加以限制。

尽管有一些丑闻，但大部分科学家是负责任的。早在 1973 年，当遗传学研究刚开始，科学家们就决定暂缓对重组 DNA 的研究，这是科学史上科学家第一次自愿不进行某种试验。

直至 1975 年，由 140 余名来自世界各地的科学家和一些律师经过三天的协商，并制订了适宜的安全措施后，关于基因重组的试验才又重新开始。由此可见，科学家们从一开始就是有责任感的。

在此之后，关于生物技术的规章相继出台，使科学研究逐步纳入法制轨道。我国在生物技术领域的规章自 20 世纪 80 年代后也在逐步完善，科研工作的进行是在有安全措施的保护下进行的。这场由克隆引发的争论，使人类在规范科学活动的必要性方面又有了新的认识。这反映了现代生物技术的发展方向将更加有保障。同时，这场全球范围内对克隆的讨论，将有助于各国政府、科学家、伦理学家积极地思考生物技术对人类自身和人类社会所产生的影响，有助于相关法律法规的制定，保证生物技术朝着更安全、充分尊重人类价值观念和行为准则的健康轨道发展。

约束自我，尊重人类

实际上，许多科学的新发现都伴随着对伦理道德的冲击和影响，这是一个老话题。早在18世纪，法国资产阶级启蒙家卢梭曾断言，科学和艺术的进步与人类道德水平的提高是相互对立的，人类最好停留在"无知的幸福"之中。西方学者提出了"二难推理"：人类的幸福前景有赖于不倦的科学探索，而无穷的求知欲又可能造成人类道德的堕落。甚至直到今天还有人持这种观点。克隆技术的出现，引来了一连串"天将要掉下来"的担忧。究其原因，在于在西方某些国家中，的确存在并广泛传播着一种"反科学主义"的思潮。在这些人看来，科技的进步对于人类的生存和发展是危险的事情，最好是倒退到那种"清静无为"、"刀耕火种"的原始时代去。产生这种思潮的原因，在于人类对某些技术发展用之不当，产生了对人类的危害，也还有些技术发展，既有正面的效益，但同时又由于技术还不够发达，因而还带来许多负面的影响。但是这种"反科学主义"思潮的鼓吹者，却对产生这些问题的原因不加分析，笼统地归咎于技术进步。解决这类问题的办法，一是人类要学会控制自己，如抑制战争狂人，但不是抑制科技进步；二是要进一步发展技术，从而做到既充分发挥了科技进步的正面效益，又抑制了由于技术的不完善而出现的负面影响。

我们还记得，原子弹的发明、器官移植、试管婴儿就曾一次次引起人们的恐怖和担忧，然而事情的发展，并没有像当初人们想象的那样可怕。20世纪60年代初，美国女生物学家雷切尔·卡逊在她的著作《寂静的春天》一书中描述了因为使用杀虫剂而造成的一片萧条、荒凉的景象，但世界并没有走向死寂，相反她呼唤人类重新重视环境保护的愿望却得到了实现。20世纪末，几位美国科学家发出了醒世之言，认为人类生殖退化，我们正面临着一个"失落的未来"。今天，克隆的钟声又在人们的耳边敲打，人类对新的科学发现和伦理道德的高度敏感和重视，反映了人类正在走向理性的成熟。

不少新技术都具有两重性，譬如核技术，既可以制成毁灭人类的核武器，又可以建造核电站发电。克隆技术也是如此，它可以为人类带来巨大的好处，如可以使保存优良品种变得很容易，而且比现在用种群来保持便宜得多；可以大大加快育种过程，使通过多年杂交来纯化、稳定一个新品种的繁杂过程变得没有必要。然而，克隆技术的负面效应也是非常明显的，如果将其用在克隆人的研究上，可能将会为社会带来灾难性的后果，因此，必须对克隆技术保持理性判断，对克人加以制止。当然，需要加以限制的不仅仅是克隆人，一些用生物工程技术培育出来的新品种也要加以限制。但不能因噎废食。

例如，重组 DNA 技术即遗传工程，通过技术操作使生物具有新的优良的遗传特性，或创造出新的生物类型及新品种。它在工业、农业、医药及国防等领域有着广泛的应用前景。但为什么这一项造福于人类、具有较强生命力的新科学却会引起广泛的各阶层人士的强烈反对呢？持反对意见的人担忧的是，由于通过重组 DNA 技术产生的重组分子引入细菌后，一旦溢出，细菌会迅速繁殖而造成人类空间的污染，后果是不堪设想的。例如，一旦类似肿瘤病毒的 DNA 片段和基因载体组成的重组分子引入细菌后，如果外溢出来，就可能随着细菌的繁殖对人类造成严重的危害。但后来人们还是解决了这个问题，顺利地发展起生物工程技术。

科学技术是生产力，我们必须善待生物技术。让我们以"克隆"为契机，掀起一场崇尚知识、爱科学、学科学的热潮，期待科学家们能在克隆领域取得更大的成绩，让克隆技术为人类造福。

中国克隆大事记

1961 年 3 月，朱洗教授通过胚胎核移植培育成功没有外祖父的癞蛤蟆。

20 世纪 70 年代，中国组织胚胎学家童第周教授用鱼囊胚细胞核移植得到首批克隆鱼，后又获得远缘克隆鱼。

1990 年，中国科学院发育生物研究所杜淼获得了克隆兔。西北农业大学张涌克隆山羊成功。

1991 年，江苏农业科学院克隆兔成功。

1993 年，中科院发育生物研究所和扬州大学农学院合作获得胚胎核移植的克隆山羊。

1995 年，华南师范大学和广西农业大学克隆牛，西北农业大学克隆猪均获成功。

1996 年，中国农业科学院的克隆牛、东北农业大学的克隆兔以及湖南医科大学人类生殖工程研究室的克隆小鼠获得成功，以上所进行的都是胚胎细胞的核移植克隆方法，而不是像"多莉"体细胞核移植克隆所得。

1997 年 3 月，陈大元率先提出了克隆大熊猫的设想。

1999 年 2 月 19 日，诞生了第一头携带有人血清白蛋白基因的小公牛，这是曾溢滔院士课题组的研究成果。通过配种繁育，可使它的雌性后代分泌含有人血清白蛋白的牛奶。

2000 年 6 月，中国农业大学又成功地培育出四只导人人抗胰蛋白酶基因的转基因羊。

2001 年 7 月，湖北农科院又成功培育了三头转基因猪，能从猪的血液中提取人血清白蛋白，其中提取量最高的达 20.3 克/升。

2001 年 8 月，西北农林科技大学中国克隆动物基地的体细胞克隆山羊"阳阳"成功产下一对"龙凤胎"。

2001 年 11 月，山东省莱阳农学院用皮肤细胞培育的克隆牛"康康"和"双双"诞生。

2009 年 2 月 2 日，中国山东省干细胞工程技术研究中心主任李建远表示，中国成功获得人类体细胞克隆胚胎。

世界克隆大事记

1932 年，英国作家赫胥黎在小说《美丽新世界》中预言，人类科技发展到足以复制自身之时，便是世界陷入混乱之日。

1938 年，德国科学家首次提出克隆设想。

1952 年，科学家开始用青蛙进行克隆实验。

1970 年，英国科学家约翰·戈德和同事利用经过培养的成年青蛙表皮细胞核克隆成功成年青蛙。

1977 年，数百美国人到美国国家科学院示威，其口号是："我们不要克隆"，"不要碰我的基因"！这是第一次对生物技术提出抗议。

1978 年，电影《来自巴西的男孩子》中一个假定的情节——克隆了一群小希特勒。

1981 年，科学家进行克隆鼠实验，据称用鼠胚胎细胞培育出了正常的鼠。1984 年，第一只胚胎克隆羊诞生。

1991 年，美国国家卫生与医学博物馆宣布，打算复制林肯身体组织样本。

1993 年，好莱坞电影《侏罗纪公园》"克隆"了一大堆恐龙。

1995 年，苏格兰科学家运用早期胚胎细胞成功地克隆了两头绵羊，这被看做是"多莉"诞生的前奏。

1997 年，英国罗斯林研究所宣布克隆羊"多莉"培育成功，开创了成年哺乳动物克隆的先河。

1998 年，科学家采用一种新克隆技术，用成年鼠的体细胞成功地培育出了第三代共 50 多只克隆鼠，这是人类第一次用克隆动物克隆出克隆动物。

1999 年，英国 PPL 医疗公司获得批准在新西兰培育 1 万只含有人类基因的克隆羊。

2000 年，美国科学家宣布克隆猴成功，这只恒河猴被命名"泰特拉"。

2001 年，美、意科学家联手展开克隆人的工作。同年，美科学家宣布首次克隆成功了处于早期阶段的人类胚胎，称其目标是为病人"定制"出不会诱发排异反应的人体细胞用于移植。

2003 年 2 月 14 日，6 岁的"多莉"因发现有肺病的迹象注射了致命的针剂而死亡。

2009 年 2 月 2 日，中国山东省干细胞工程技术研究中心主任李建远表示，中国成功获得人类体细胞克隆胚胎。